C.H.BECK ■ WISSEN
in der Beck'schen Reihe

Haben wir eine Seele? Was läßt uns eigentlich denken? Welcher Art ist überhaupt das Verhältnis von Körper und Denken? Was sind Bewußtsein und Identität? Wie verarbeiten wir Information, und warum können wir sprechen? Fragen wie diese gehören nicht nur zu den ältesten der Menschheit, sondern überdies auch zu den besonders heftig diskutierten. Die Neurowissenschaften haben gerade in den letzten Jahren entscheidende Einsichten in den Aufbau und die Funktionen des Gehirns gewonnen. Detlef Linke gibt einen weitgefaßten Überblick über die faszinierenden Ergebnisse der neurobiologischen Forschung und erläutert ihre weitreichenden psychologischen und philosophischen Folgen.

Detlef Linke (1945–2005) war Mediziner und Professor für Klinische Neurophysiologie und Neurochirurgische Rehabilitation an der Universität Bonn.

Detlef Linke

DAS GEHIRN

Verlag C. H. Beck

*Für Ingeborg in Liebe
zum 14. April 1999*

Mit 12 Abbildungen

1. Auflage. 1999
2. Auflage. 2000
3. Auflage. 2002

4. Auflage. 2006

Originalausgabe
© Verlag C. H. Beck oHG, München 1999
Satz: Kösel, Krugzell
Druck und Bindung: Druckerei C. H. Beck, Nördlingen
Umschlagentwurf: Uwe Göbel, München
Printed in Germany
ISBN-10: 3 406 44721 X
ISBN-13: 978 406 44721 1

www.beck.de

Inhalt

1. **Neurophilosophie: Philosophie des Gehirns** 7
   - 1.1 Allgemeines 7
   - 1.2 Das Leib-Seele-Problem 16
   - 1.3 Ein Problem ist gelöst: Glück und Vernunft ... 19

2. **Ein Hirnmodell** 25
   - 2.1 Zur Methodik 25
   - 2.2 Der Gyrus cinguli 26
   - 2.3 Der Ausweg des Personattraktors 27
   - 2.4 Die Kraft zur Negation 28
   - 2.5 Der Schlüssel zum Code 28
   - 2.6 Die Waagschale und die zwei Bewegungen des Lebens 33
   - 2.7 Schaltstationen tief unter dem Neo-Cortex ... 34

3. **Bewußtsein, Koma und Nahtoderserfahrungen** 37
   - 3.1 Bewußtsein: Repräsentation oder Programmwechsel? 37
   - 3.2 Wirklichkeitsaufbau 39
   - 3.3 Neglekt und Bewußtsein 42
   - 3.4 Koma, Apalliker und Informationsverarbeitung ohne Bewußtsein 43
   - 3.5 Locked-in-Syndrom und Semantik 45
   - 3.6 Hirntheorie in der Anwendung: Nahtoderserfahrungen 47

4. **Sprache, Hemisphärendominanz und Linkshänder** 54
   - 4.1 Die Sprache 54
   - 4.2 Die rechte und die linke Hirnhälfte 56
     - 4.2.1 Der biologische Lösungsversuch zum Gödelproblem 56 · 4.2.2 Spiegelbildliche Mitbewegungen 57 · 4.2.3 Evolutionäre Aspekte 58

4.3 Der umerzogene Linkshänder	59
4.4 Individualität und Persönlichkeit	61
4.5 Altersprozesse	67
5. Methoden	**68**
5.1 Zur Geschichte	68
5.2 Allgemeines	68
5.3 Elektrophysiologie	70
5.3.1 Hirnstrommessung 70 · 5.3.2 Evozierte Potentiale 71	
5.4 Bildgebende Verfahren	72
5.5 Neuropsychologie	73
5.6 Der Wada-Test	73
6. Lokalisation: Raum, Zeit und Bedeutsamkeit	**75**
6.1 Lokalisation	75
6.2 Das Neuron: Biophysik der Informationsverarbeitung	78
6.3 Die Zeit	80
6.3.1 Das Jetzt 80 · 6.3.2 Synchronisationen 82 · 6.3.3 Kairos 84	
6.4 Energie, Information und Bedeutsamkeit	86
7. Meditation an der Einkaufskasse	**90**
Danksagung	**93**
Ausgewählte Literatur	**94**
Abbildungsnachweis	**96**
Register	**97**

1. Neurophilosophie: Philosophie des Gehirns

1.1 Allgemeines

Man kann sagen, daß für die Wissenschaft die drei spannendsten Themen das Genom, das Gehirn und der Kosmos sind. Vielleicht ist das Gehirn das allerinteressanteste, weil es in seiner Zwischenstellung zwischen Genom und Kosmos einen Blick auf beide und damit gleichsam fast auf „alles" werfen läßt. Wer das Genom untersucht und das menschliche Verhalten verstehen will, kommt zu keinem ausreichenden Verständnis, wenn er sich nicht verdeutlicht, wie die Grundfunktionen des Gehirnes organisiert sind. Wer den Kosmos untersuchen will, ohne nach Grundvoraussetzungen des Erkennens Ausschau zu halten, wie sie im Gehirn zugrunde gelegt sind, der benimmt sich einiger Dimensionen des Staunens über die Zusammenhänge der Welt.

Das Gehirn ist zu einem der interessantesten Erkenntnisgegenständen für den Menschen geworden. Die Tatsache, daß das Erkennen dabei selber auf das Gehirn angewiesen ist, bereichert die Mannigfaltigkeit der Erkenntnisdimensionen. Auch die Philosophen haben hier nachgezogen und empfinden sich bei der Beschäftigung mit dem Gehirn durch die Erweiterung ihres Erkenntnisbegriffes beglückt. Das Gehirn fordert unsere Einbildungskraft und unseren Scharfsinn heraus und ist Gegenstand reichhaltiger Erkennensprojektionen, welche die Kreativität des Menschen stimulieren. Die vielfältigen Projektionen von Einsichten, die sich hierbei ergeben, wurden als Bereicherung angesehen, die in ihrer Dynamik der Bewegtheit des Erkenntnisfortschrittes angemessen ist. Die Beschäftigung mit dem Gehirn hat den Wissensbegriff selber dynamisiert.

Im Grunde genommen positioniert man das Gehirn richtig, wenn man es in die Mitte des ältesten überlieferten Satzes der abendländischen Geschichte setzt, nämlich in ein unter den Gesetzen der Gerechtigkeit stehendes Geschehen von Werden und Vergehen. Im Mittelmeerraum, in Ägypten, Israel und Griechenland, war der Gedanke der Gerechtigkeit ein auf je eigene Weise grundlegender Gedanke. Der erste textlich überlieferte Satz aus dem griechischen Raum hierzu stammt von Anaximander, dem vorsokratischen Philosophen des 6. Jahrhunderts v. Chr.: „Aus welchen (seienden Dingen) die seienden Dinge ihr Entstehen haben, dorthin findet auch ihr Vergehen statt, wie es in Ordnung ist, denn sie leisten einander Recht und Strafe für das Unrecht, gemäß der zeitlichen Ordnung." Menschen die der Gesetze bedurften, um ihr Zusammenleben zu regulieren, versuchten die Natur gleichermaßen nach Gesetzen zu lenken, eben nach Naturgesetzen. Die Übertragung des Rechtsdenkens auf das Ganze der Welt erbrachte einen erheblichen Erkenntnisfortschritt. Der später geborene Heraklit von Ephesos merkte bald an, daß die Menschen zwischen gerechten und ungerechten Dingen genau unterscheiden.

Die Vorgänge in der Natur und dann auch im Gehirn als Geschehnisse der Gerechtigkeit zu deuten setzt eine große Duldsamkeit gegenüber Werden und Vergehen, Sterben und Tod voraus. Diese Duldsamkeit ist nicht allen Menschen gegeben. Manchmal noch eher gegenüber der eigenen Vergänglichkeit als gegenüber dem „passing away" der Angehörigen, Verwandten und geliebten Personen. Es ist kein Wunder, daß es immer wieder Berührungsängste des Denkens mit diesem fragil und vergänglich erscheinenden Organ, dem Gehirn, gegeben hat. Philosophen und Geistliche standen dann auch immer bereit, den Menschen Hoffnung auf Unsterblichkeit, auf Unabhängigkeit von der Vergänglichkeit nahezulegen oder zu erläutern. Auf diese Hoffnung kann der Mensch offenbar nicht verzichten. Doch heute nähert er sich dieser eher mit den Mitteln der Wissenschaft. Dies bedeutet, daß er von der Hirnforschung größere Beiträge zur Verlängerung, Verbesserung und Vervollkommnung seines Lebens erwartet und dabei in Kauf nimmt, daß bei dem dabei gepflegten nüchternen Forschungsansatz Weltbilder, welche ein vom Gehirn unabhängiges Bewußtsein oder eine dauerhafte Seele betonten, kaum noch Bestand haben können und in Existenznöte geraten. Man setzt die Hoffnung auf eine Medizin, welche aus methodischen Gründen jene Weltbildtröstungen erst einmal beiseite schiebt, die Denken, Bewußtsein und Gefühl als unabhängig vom vergänglichen Gehirn ansehen.

Die Neurowissenschaften haben sich einen Freiraum erkämpft, in dem sie mit großem Erfolg ihre Theorien und Modelle formulieren und empirische Befunde kommentieren und in Konzepten zusammenfassen, die von großem Einfluß und von weitreichenden Rückwirkungen auf das allgemeine Kulturgeschehen sind. Es erscheint erfolgversprechend, den Gedanken Anaximanders von der Gerechtigkeit und Vergänglichkeit der Dinge auch für die Hirnforschung wieder aufzugreifen und zu versuchen, eine Art Gerechtigkeit in den Vorgängen des Gehirnes aufzuspüren, auch wenn diese den Wünschen des Menschen nach Dauerhaftigkeit zunächst zuwiderzulaufen scheint. Die Hoffnung des Menschen ist aber, auch die Gesetze der Vergänglichkeit des Gehirnes einmal so verstehen zu können, daß er ihnen, sei es durch die Verabreichung von Wachstumsfaktoren in das Nervensystem oder die Veränderung von für das Neuronenverhalten verantwortlichen Altersgenen, entgegenarbeiten kann und die Möglichkeit einer größeren Lebensfülle eröffnet.

Ansätze zu einem Versuch, das Denken der Gerechtigkeit für die Hirnforschung fruchtbar zu machen, finden sich beispielsweise bei Gerald Edelman. Edelman ist einer der führenden Hirnforscher. Er kommt ursprünglich aus dem Fachgebiet der Immunologie, in dem er auch mit dem Nobelpreis ausgezeichnet wurde. Edelman versuchte dann, immunologische Modelle, die mit der evolutionären Selektion von Gruppen arbeiten, auf die Hirnforschung zu übertragen. Dieser Versuch ist vielversprechend, da er zeigt, wie man die Organisation der über 100 Milliarden Nervenzellen als ein Gruppierungsgeschehen aktiver Elemente verstehen kann, wobei die gruppiert aktivierten Neurone sich auf wechselnde Weise zusammenschließen. Zumindest skizzenhaft wird in seinen Modellen deutlich, wie das Auftreten und Vergehen von Aktivierung, aber auch das Entstehen und Vergehen von Nervenzellen übergeordnete Gruppierungsvorgänge gebraucht, die letztlich einen größeren Zusammenhang der Dinge zum Ausdruck bringen. Diesen größeren Zusammenhang als Gerechtigkeit zu deuten, ist dem Menschen zunächst unangenehm, der Gerechtigkeit lieber als etwas versteht, das seiner Individualität zu Sicherung und Durchbruch verhelfen soll. Aber vielleicht kann der Mensch gerade erst dann, wenn er die Gesetze der Vergänglichkeit kennt, auf diese auch angemessen reagieren oder, wenn er den tieferen Zusammenhang von Ausgleich und Rückzahlung durchschaut, vielleicht auch einmal auf den Versuch, alles zu verändern, ausnahmsweise verzichten.

Edelman greift in einem seiner Bücher bewußt auf Begriffe der vorsokratischen Naturphilosophie zurück, nämlich die des Empedokles. Diese hatte sich um die Gesetze bemüht, die das Mischungsverhältnis der Elemente Feuer, Wasser, Luft und Erde bestimmen. Doch ist es auch verlockend, eine Art Homöostasis der Aktivität im Sinne einer langfristigen ausgleichenden „Gerechtigkeit" zu suchen derart, daß zeitweise Unteraktivität des Gehirnes in einem Bereich höhere Aktivität des Gehirnes in einem anderen Bereich ermöglicht, gemäß dem Satz des Heraklit, der zum Ausdruck bringen will, daß, wenn ein Feuer irgendwo verlöscht, ein Feuer an anderer Stelle dafür entsteht – oder wie Goethe es sagte, daß wenn die Natur an einer Stelle nimmt, sie an anderer Stelle wieder gibt. Die Frage für die wissenschaftliche Hirnforschung ist hierbei, welche Zeitspannen und Zusammenhangsweiten für derartige Regeln und Gesetze in den Blick genommen werden müssen. Die Erfolge zukünftiger Hirnforschung werden von Annahmen, die in derartigen Zusammenhängen gemacht werden, abhängen.

Die griechisch-christliche Aufladung des Individuums fand ihre erkenntnistheoretische Entsprechung in den Überlegungen des Feldarztes, Mathematikers und Philosophen René Descartes, der für den Mentalbereich eine Formel fand, mit der Geistiges ähnlich stabilisiert wurde wie Einzeller und Makromoleküle durch Eigensche Hyperzyklen. In der Formel des „Ich denke, also bin ich" wurde ein Fundament gefunden, von dem aus bei allem Zweifel der Zweifel als sicher betrachtet werden konnte: Es war nicht daran zu zweifeln, daß man als Zweifelnder zweifelte, also dachte. Im Fluß des Denkens glaubte man nun, ein unerschütterliches Fundament aufgebaut zu haben, das allen Wassern trotzen sollte. Descartes hatte mit dem „Ich denke, also bin ich" eine Formel gefunden, welche die Geistesgeschichte der folgenden Jahrhunderte bestimmen sollte.

Mit dem Cogito entwickelte das Individuum nicht nur erkenntnistheoretisch, sondern auch psychologisch ein Selbstbewußtsein, das bei der besonderen Form der Teilherrschaft des modernen Menschen über die Natur eine große Rolle spielte. In eine Krise kam dieses Denken, als es mit dem Gehirn als einem wesentlichen Bestandteil der Natur konfrontiert wurde. Es zeigte sich, daß die Formel „Ich denke, also bin ich" eine weit eingeschränktere Bedeutung hat, als dies auf den ersten Blick zu vermuten ist. Descartes ahnte, daß eine zu innige In-eins-Denkung von Denken und Körperlichkeit das Konzept der Seele in Gefahr bringen mußte. Schon Platon hatte darauf hingewiesen, daß nur jene Dinge unsterblich seien, die immateriell sind, da Materie teilbar sei. Cartesius berücksichtigte diese Erwägungen bei seiner Suche nach dem für die Denkprozesse entscheidenden Organ des Menschen. Er setzte hierfür nicht das Gehirn, sondern die Zirbeldrüse ein, da diese das einzige Organ im Schädel war, welches nur einmal, also unpaarig aufzufinden war, denn alle übrigen Anteile des Gehirnes waren bilateral, also gedoppelt angelegt. Es hat lange gedauert, bis die Philosophie diesen lockeren Zusammenhang mit dem Körper korrigiert hat. Über weite Strecken waren ihre Vernunfttheorien Formulierungen, die für den Menschen genausogut wie für Engel, also für unkörperliche Wesen, galten und damit auf die Besonderheiten menschlicher Kognitionen nicht viel Rücksicht nehmen wollten.

Auf diese Weise wurden dem Menschen Selbstkonzepte vorgeführt, die ihn glauben machen konnten, über gottähnliche Macht über sich selbst zu verfügen, während die netzwerkartige Struktur des Gehirnes jedoch keinesfalls so hierarchisch organisiert ist, daß eine Steuerung aller Lebensvorgänge aus einem einzigen Kommando kommt, aus einer einzelnen Kommandonervenzelle hätte stattfinden können. Das Gehirn ist teilweise hierarchisch, teilweise aber auch heterarchisch, also eher parallel organisiert, und es kann auf diese Weise den vielfältigen Anforderungen an eine aktuelle Korrektur seines Programmes am ehesten gerecht werden. Bereits im Alltagsleben des Menschen deutet sich an, daß die Handlungsformen des Menschen einer Vielzahl von ihm nicht einmal einsehbaren Motiven und Momenten entspringen können. Die Pathologie zeigt vollends, daß das Gehirn als Dividuum, als teilbares System, verstanden werden muß.

Roger Sperry erhielt 1981 den Nobelpreis für die Grundlegung einer epilepsiechirurgischen Operation, bei welcher der Balken, die Verbindung zwischen beiden Großhirnhälften, durchtrennt wird, um Krampfereignisse auf eine Hirnhälfte einzuschränken. Bei Patienten, denen der Balken durchtrennt wurde, aber auch bei Patienten, denen ein Tumor oder eine Schlaganfallsblutung den Balken zerstört hat, kann man eine Dissoziation von Handlungen, die von den verschiedenen Hirnhälften isoliert gesteuert werden, nachweisen.

So kann es passieren, daß ein derartiger Patient mit einer Hand einen Liebesbrief schreibt und mit der anderen unwillentlich den Bleistift zerbricht oder daß er mit einer Hand einen Pullover anzuziehen versucht, während die andere Hand den Pullover auf den Tisch zurückzulegen versucht. Dieses Phänomen der „alien hand" ist eines von vielen Beispielen, welche die Trennbarkeit und Auflösbarkeit von Willensimpulsen belegen und die gegen das interaktionistische und dualistische Modell sprechen, demzufolge der Geist als eine Art unzerstörbarer Klavierspieler gegenüber einem wohl zerstörbaren Klavier gedeutet werden soll. Die Hirnforschung zeigt jedoch, daß nicht nur das Klavier, sondern auch der Klavierspieler scharf gespalten werden kann.

Die „Ich-Rede" ist nur eine von vielen Softwares, die innerhalb des funktionell dissoziierbaren Gehirnes realisiert werden können. Im Ich, in einer Art allgemeiner Apperzeption, die Synthese der Hirnfunktionen sehen zu wollen, ist aus netzwerktheoretischer Sicht nicht angemessen. Wenn wir ein Mu-

Abb. 1: „Alien hand". Nach Durchtrennung des vorderen Balkens (anteriore Commissurotomie) kommt es bei dem Patienten zu gegensätzlichen Tätigkeiten der Hände. Während eine Hand einen Liebesbrief schreibt, zerbricht die andere den Bleistift.

sikstück wahrnehmen, läuft ein Kognitions- und Gefühlsprozeß ab, der keinesfalls in einem Ich-Zentrum zusammenlaufen muß. Das Ich ist nur eine der vielen möglichen kulturellen Realisationen von Kognition im Gehirn. Manches spricht dafür, daß der mentale Hyperzyklus der reflexiven Ich-Stabilisierung einen Kognitionsprozeß unterstützt, der von der Wirklichkeitsbewältigung absondert und in ein Labyrinth von Spiegelmetaphern führt, das gerade von jener Ethik wegführt, die bisweilen mit dem Ich-Konzept zu begründen versucht wird.

In Briefen an den Anatomen Sömmering äußerte Kant, daß er sich wohl vorstellen könnte, daß die gerade entdeckten chemischen Prozesse der Synthese von Wasser aus Wasserstoff und Sauerstoff und die Analyse dieser beiden Elemente ein Vorgang sein könnte, der, wenn er in den Hirnkammern abliefe, mit den synthetischen und analytischen Prozessen des Verstandes in Beziehung gebracht werden könnte. Für die letzte Einheit der Apperzeption für den Wahrnehmungsfocus im Ich wollte er materielle Grundlagen nicht einmal im Wasser veranschlagen.

Man würde es sich zu einfach machen, wenn man die philosophischen und kulturellen Bemühungen um eine Herausstellung des Ich alleine deswegen verabschieden möchte, weil die Neurowissenschaften und die Informationswissenschaften bei ihren Analysen, z.Zt. zumeist ohne eine Setzung des Ichs, erfolgreicher sind, als wenn sie eine Ich-Funktion für die kognitiven Prozesse ansetzen. Man sollte nicht übersehen, daß die Ich-Theorien eine wesentliche Rolle bei der Formulierung der Rechte des einzelnen und der Menschenrechte gespielt haben. Es wäre nicht angemessen, die Ich-Theorien wegen kognitionswissenschaftlicher Zielsetzungen einfach als einen Irrtum beiseite zu tun.

Die Steuerung des Organismus und des Handelns kann durch vielfältige kulturelle Bezüge und deren kognitive „Repräsentation" verwirklicht werden. Das Konzept des Ichs ist dabei nur eines von vielen. Anzunehmen, daß das Konzept des Ichs selber die Steuerungsfunktionen übernähme, muß als Irrtum gekennzeichnet werden. Die Frage, ob die Steuerungsfunktionen dennoch als Ich-Funktionen bezeichnet werden können, ist komplex und hängt in großem Maße mit kulturellen Vereinbarungen zusammen. Dieser Vereinbarungscharakter kann durch die Offenlegung der physiologischen Matrix des Verhaltens verdeutlicht werden. Man sollte ihn nicht gleich über Bord werfen, weil die Matrix auch mit anderen Begriffen als mit denen, die in der bisher vereinbarten kulturellen „Software" möglich sind, beschreibbar ist.

Will man nicht nur Naturphilosophie betreiben, sondern einen allgemeineren philosophischen Ansatz verfolgen, so scheint es nicht unangemessen, die Dimension der Zuschreibung von Personalität, Bewußtsein und Ich-Konzepten, in Kürze also der gesamten geistigen Dimension im Funktionskonzept des Gehirnes korrelationistisch von vornherein mitzudenken. Dabei gelangt man zu einer dualistischen oder abgeschwächter parallelistischen Konzeption. Letztere kann ihre Berechtigung darin finden, daß die ethische Dimension des menschlichen Handelns in den Modellen der Physiologie von vornherein ihre Markierung findet. Möchte man jedoch auf eindeutigere Weise sich nur dem Gebiet der Natur zuwenden, so kann es verstehbar sein, daß man aus methodischen Gründen derartige Perspektiven außer acht lassen möchte. Man muß jedoch anmerken, daß ein derartiges Verfahren, wenn der Gegenstand der naturwissenschaftlichen Untersuchung der Mensch selber ist, nicht ganz unproblematisch ist.

Vielleicht ist es aber doch kein Grund zur Klage, wenn in den gegenwärtigen neurowissenschaftlichen Modellen der Hirnfunktionen des Menschen Dimensionen wie Personalität, Bewußtsein und Ich-Leistung immer weniger auftreten. Statt darin einen Verlust traditioneller ethischer Wertbegriffe zu sehen, kann man diese Entwicklung auch so deuten, daß eine größere Chance zum unmittelbaren Ethos eröffnet wird und die Spiegelungsfallen der Ich-Konzeptionierung, die dem Handeln entgegenstehen können, auf diese Weise vermieden werden.

Die weitere Entwicklung ist in dieser Frage noch offen. Verwirrung entsteht jedoch, wenn die Struktur des Gehirnes so beschrieben wird, als ob es sich um eine Hardware handeln würde, die sich unweigerlich nach den Kategorien des sich selbst setzenden Ichs organisieren müßte. Es scheint nicht angemessen zu sein, ein Ich zu verabschieden, das bisher sich selber nur auf der Software-Ebene zu explizieren und zu etablieren versucht, dessen dabei entwickelte Redeweise nun aber völlig unkritisch auf die „Hardware" des Gehirnes übertragen wird, als ob das Gehirn eine Art Ich wäre. Will man überhaupt bei der cartesianischen Tradition des Ich-Denkens verbleiben, so wäre zumindest die Dimension der Alterität, des anderen, einzuklagen. Denn sie bestimmt in erheblichem Maße die Wahrnehmungsformen im Gehirn mit. Dies gilt sogar für denjenigen, der sich an einem die Freiheit betonenden Denken vom Typ Sokrates orientieren will. Für ihn erscheint bei der Orientierungsentscheidung die Alterität über eben diesen Typus (für die Rolle des anderen bei der Wahrnehmung s.u.).

Die Beschreibung dessen, was im Gehirn vor sich geht, stellt einen höchst dramatischen kulturellen Prozeß dar, da hier die den Menschen am tiefsten berührenden Belange besprochen werden. Das in den Neurowissenschaften gewählte Begriffsvokabular ist gegenüber weltanschaulichen Positionen keineswegs neutral. Auf diese Weise gibt es ein vielfältiges Rückbezugsgeflecht zwischen Hirnforschung und Kultur. Man hat z. Zt. den Eindruck, daß die cartesianische Tradition von der Hirnforschung verabschiedet werden soll (so Damasio), wobei dies nicht immer mit zureichenden Argumenten versucht wird. Anzumerken ist vor allem, daß Cartesius selber in ganz erheblichem Maße die Rolle des Emotionalsystems, die Bedeutung der Leidenschaften (Passionen), für den Menschen herausgestellt hat. Ich glaube nicht, daß in der Vernachlässigung des Emotionalen der cartesianische Irrtum liegt, sondern daß das „Cogito ergo sum" ein unzureichendes Verfahren zur Bestimmung von Personalität und Individualität aus der Außenperspektive ist und auch für das Ich selber keine letzte Sicherheit bietet, da beim Patienten das „Ich denke, also bin ich", also ein „Ich", im Prinzip in beiden Hemisphären voneinander unabhängig ablaufen könnte. Hätte Descartes einen Hirntumor im Balken gehabt, hätte er mit diesem Verfahren des „Ich denke, also bin ich" u.U. zwei Individuen nachgewiesen. Dabei käme man zu einer Personalitätskonzeption, bei der die Körperlichkeit in unzureichendem Maße Berücksichtigung findet. Andererseits aber das ganze Gehirn selber einfach als einen Träger von Ich-Interessen anzusetzen, würde der Vielfalt des Menschlichen mit der Möglichkeit der Selbstdistanz nicht gerecht werden. Wie sagt Heraklit: „Die Wege der Seele sind unendlich."

1.2 Das Leib-Seele-Problem

Mit den Mitteln der Hirnforschung erkundet der Mensch etwas, das man als die Grundlagen seiner Existenz ansehen könnte. Erinnert man sich in diesem Zusammenhang an F. W. J. Schelling, so könnte man darüber erschrocken sein.

Denn dieser Philosoph formulierte, daß eine Existenz, die ihren eigenen Grund durchsichtig machen wolle, das Böse sei. Möglicherweise geht von dieser Erfahrung der Durchsichtigkeit als Anmaßung das Verlangen in vielen zeitgenössischen Strömungen wie Kunst und Feminismus aus, das darauf ausgerichtet ist, Leiblichkeit wieder als nicht beeinflußbares Konstituens des Lebens, als letzten Rückzug des Individuums, zu verstehen. Bisweilen nimmt der Rückzug minimalistische Formen an, indem vom Leib nur noch das Gehirn als ein Ort des Innen als Grund angesehen wird.

Die Hirnforschung selber zeigt nun, daß die Innen-/Außendichotomien, die bei der Betonung des Leibes ins Spiel kommen, gar nicht mit der Anatomie des Körpers vorgegeben sind, sondern eher auf dem Schematismus des Mandelkerns (Corpus amygdalae) beruhen. Die Diskussion um den Leib müßte aus der Sicht der gegenwärtigen Hirnforschung so situiert werden, daß gezeigt wird, wie die mentalen Prozesse bzw. die „Software" des Gehirns auf unterschiedliche Weise Dimensionen der Leiblichkeit berücksichtigen.

Die Kognitionen umgekehrt als in der Leiblichkeit verankert zu denken (so z.B. bei Merleau-Ponty) kann nicht ganz gelingen, da die in der Phänomenologie der Wahrnehmung hierfür angeführten Erfahrungen (z.B. würde ich meinen Körper erst alle Perspektiven eingehen lassen, um sie auch geistig wahrgenommen zu haben), relativ sind, da das visuelle System auch Perspektiven einnehmen kann, die vom Leib nicht erobert wurden (s. z.B. die Nahtoderserfahrungen).

Auch der Versuch, den Leib als etwas zu verstehen, das uns allen gemeinsam wäre und damit eine Basis für das gemeinsame Verständnis schaffen würde, kann nur unvollständig gelingen, da die eigene Körperwahrnehmung eben von den Systemen des Mandelkerns und dem Grad ihrer Konfiguration durch Theorien über den Leib selber abhängig ist. Die Philosophie hatte den Gedanken, daß das Denken selber vom Gehirn abhängig sei, lange Zeit als eine Gefährdung ihrer eigenen Konstitution angesehen. Mittlerweile scheint das Leib-Seele-Problem den politischen Aufladungen und Verwicklun-

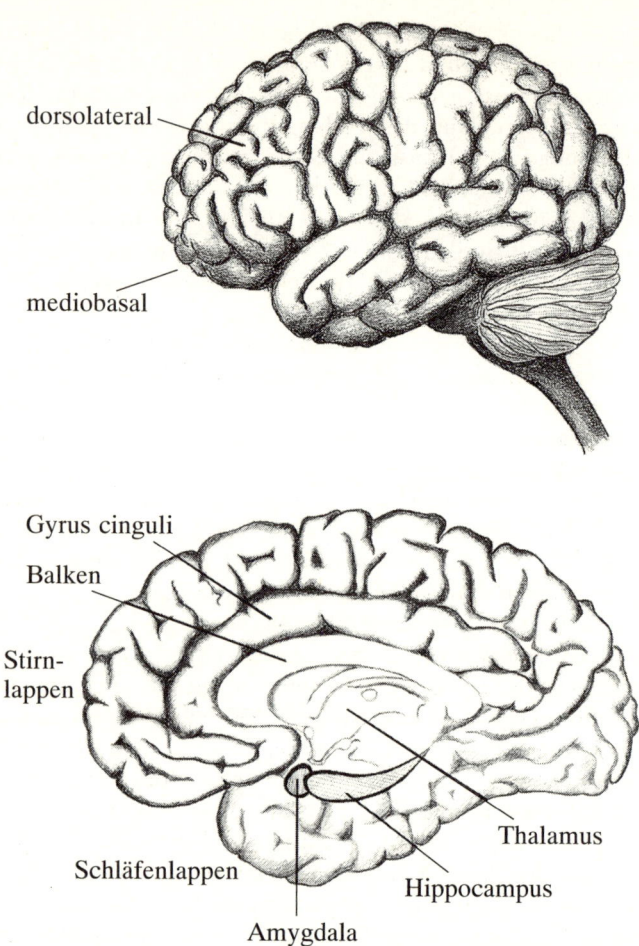

Abb. 2: Oben: Außenansicht der linken Hemisphäre des Großhirns, außerdem des Kleinhirns und des Hirnstammes. Unterteilung der präfrontalen Regionen des Stirnlappens. Unten: Blick auf die rechte Gehirnhälfte von innen.

gen teilweise entzogen, zumindest spielt es nicht mehr um die Kipplinie zwischen Geist und Materie. Zur Zeit hat sich die Philosophie des Gehirns eher der Mein-Dein-Dichotomie bemächtigt. Doch befragt man die Hirnforschung, so zeigen die Mechanismen der Amygdala, des Hippocampus und des Frontalhirns deutlich, daß dies nur eine der möglichen Umgangsweisen des Menschen mit sich selber darstellt. Die neuzeitliche Philosophie wurde für Vernunftwesen gemacht, und zu denen rechnete Kant auch die Engel, die traditionell als Boten ohne Körperlichkeit angesehen werden.

Sie finden ihre Verwirklichung in hierarchisch organisierten Allgemeinbegriffen. Die Hirnforschung sieht menschliche Kommunikation jedoch nicht nur als an Allgemeinbegriffen orientiert, sondern in erheblichem Maße von Parametern wie Tonfall, Gesichtsausdruck und Emotionen mitbestimmt.

1.3 Ein Problem ist gelöst: Glück und Vernunft

Eines der ältesten philosophischen Probleme ist gelöst. Die Frage nach dem für das praktische Leben so bedeutsamen Verhältnis von Glück und Vernunft kann zufriedenstellend dargestellt werden. Schon immer haben die Menschen die Frage nach der Gerechtigkeit in der Welt gestellt und sind nicht selten daran verzweifelt, daß Ungerechtigkeit um sich greift und der Ungerechte nicht nur keine Strafe erhält, sondern im Gegenteil „Glücksgüter" und Reichtum auf sich häufen kann.

Angesichts dieser Tatsache hatten es die Philosophen schwer, einsichtig zu machen, warum man überhaupt gerecht leben sollte, wo doch allenthalben vor Augen geführt wurde, wie Ungerechtigkeit belohnt und ein gerechtes Leben nur mit Nachteilen verbunden war. Es hat philosophische Systeme gegeben, die deutlich machen wollten, daß die innere Schau der Gerechtigkeit selber schon ein Glücksgut darstelle. Auch haben in der ersten großen Blüte der Philosophie vor 2500 Jahren Hinweise auf das praktische Leben nicht gefehlt: Nicht nur der Versuch, eine innere Schau der Gerechtigkeit zu inszenieren, sondern auch die Bemühung um die Verwirklichung von Gerechtigkeit im praktischen Leben sollten zum eigenen Glück beitragen. Nicht selten waren die Philosophen verbittert darüber, daß sich so wenige zu der Liebe zur Weisheit bekehren lassen wollten, und konnten es dann nicht immer vermeiden, in einer Art kleinen „Rache" all die Güter des Lebens, an denen die Menschen ihr Glück versuchen, als „niedere Werte" einzustufen. Aus solchen Unglücken der Kommunikation entstanden Entgegensetzungen, die der Frage nach dem Glück nicht zuträglich sind.

Ich würde nun nicht sagen, daß man erst auf die Hirnforschung warten mußte, um das richtige Ergebnis in dieser Diskussionsfrage zu finden. Die Geschichte der Menschen ist voll von geglückten Beziehungen zur Vernunft und Gerechtigkeit. Neuere Einsichten, Ergebnisse und Perspektiven der Hirnforschung lassen es jedoch verständlicher erscheinen, wie es zu einem geglückten Verhältnis von allgemeinen Anforderungen, die an den Menschen gestellt werden, und seinen praktischen Lebensbedürfnissen kommen kann.

Die Philosophen der Antike hatten darauf hingewiesen, daß der Weg zum Glück über ein ethisches Leben führe. Die Gegner sahen dies durch die Wirklichkeit der Welt widerlegt, in der sich der Ungerechte bereichern kann, ohne in dieser Welt noch einer Strafe zugeführt zu werden. Genaue Analysen des Sachverhaltes kommen zu einem anderen Ergebnis. Die Hirnregionen, welche für die Verhaltenssteuerung entscheidend sind und welche einen Ausgleich zwischen den verschiedenen Impulsen ermöglichen, sind selber mit biologischen Mechanismen ausgestattet, die mit dem Glück zu tun haben. Dies bedeutet, daß ein gerechter Umgang mit anderen Menschen, ja auch mit Dingen und eigenen Gefühlen, auch wenn dies nicht einfach nur ein Mittel zur Erlangung späterer Belohnungen ist, selber bereits jene Hirnmechanismen belebt, welche für die Erfahrung von Glück unabdingbar einbezogen werden müssen.

Es handelt sich um die mit dem Transmitterstoff Serotonin arbeitenden präfrontalen Regionen der menschlichen Hirnrinde (s. Abb. 3).

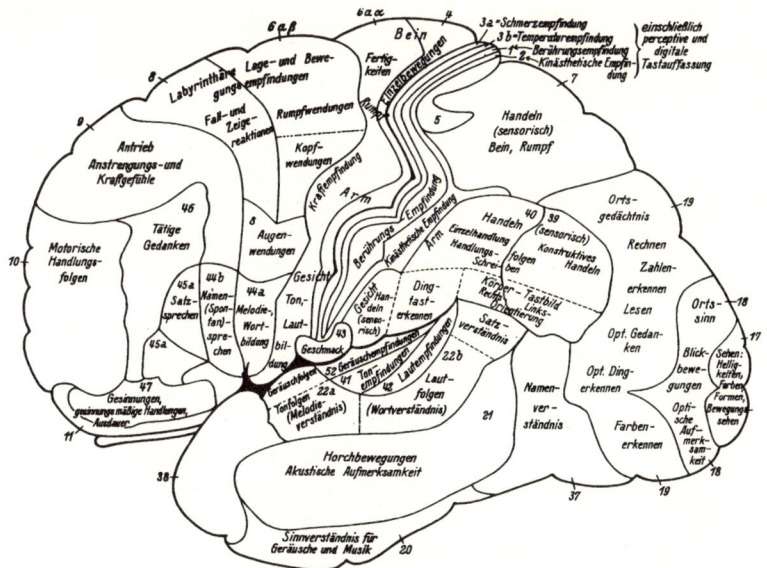

Abb. 3: Hirnlokalisation nach Karl Kleist. Dem Feld „Tätige Gedanken" entspricht die heutige Bezeichnung „Working Memory". Dort, wo die Funktionen zu lokalisieren sind, die mit Gerechtigkeit zu tun haben, schrieb Kleist „Selbst- und Gemeinschafts-Ich" (Innenansicht). Dies ist allerdings einseitig gefaßt.

Man könnte nun die Ansicht entwickeln, daß man damit die Eintrittspforte zum Paradies gewonnen habe. Man bräuchte nur noch Elektroden in den präfrontalen Cortex zu setzen und ihn elektrisch zu reizen oder auch über pharmakologische Substanzen so zu beeinflußen, daß er eine stärkere Serotoninausschüttung vollführt. Bei schweren psychischen Leiden kann es durchaus sinnvoll sein, den Serotoninstoffwechsel aktivieren zu wollen. Die Erkenntnis über die bedeutsame Rolle des präfrontalen Cortex für das gerechte menschliche Verhalten und das seelische Wohlbefinden zugleich kann über die therapeutischen Möglichkeiten hinaus auch zu einer Prophylaxe, d.h. zu einer Verhinderung von Krankheit, verhelfen.

Nicht wenige Philosophen, man denke nur an Ludwig Wittgenstein, wollten Philosophie als eine Art Therapie betreiben. Ich bin damit einverstanden, Philosophie als eine Art Medizin verstehen zu wollen, glaube aber, daß es wichtig ist, noch vor der Therapie die Möglichkeiten der Prophylaxe wiederzugewinnen. Die Verhinderung von Krankheiten der Seele ist ein Anliegen der Philosophie und der Medizin zugleich. Zu finden, daß der präfrontale Cortex sowohl der Gerechtigkeit als auch dem Glück dient, verspricht eine neue fruchtbare Allianz zwischen den Disziplinen.

Die Suche nach einem Ausgleich zwischen den verschiedenen Dingen und die mehr oder weniger gleichzeitige Aktivierung von Informationen, um sie für Entscheidungsprozesse zur Verfügung zu stellen, können nicht einfach manipulativ aktiviert werden, um auf diese Weise die wichtige Funktion der Ermöglichung von Glück zu gewährleisten. Sowohl die Intervention mit medizinischen Techniken als auch jene mit philosophischen Begriffen entlassen das entsprechende Individuum und Gehirn nicht aus der Aufgabe, selber den gerechten Zusammenhang der Dinge herzustellen: Die Manipulation kann das Leben nicht ersetzen. Pharmakologische Substanzen können in den extremen Krisen wohl unterstützen, bewahren aber nicht davor, daß das betreffende Individuum sich mit lebensweltlichen Inhalten auseinandersetzen muß, die durch die aktivierten Neurone zur Berücksichtigung kommen wollen. Auch der philosophische Begriff der Gerechtigkeit (und es sind noch viele andere damit verbunden, wie zum Beispiel der der Vernunft) vermag nicht gleich durch das Sinnieren über ihn die gerechte Balance in den Funktionen des Gehirns und den Tätigkeiten des Alltags gleichermaßen herzustellen. Es ist das Leben, das gefordert ist, aber auch nicht wieder als Kultbegriff, sondern als Ort der praktischen Bewährung für die Gerechtigkeit, welche die Balance der Hirnfunktionen ermöglicht.

Das Leben erfordert Entscheidungen. Wer diese nicht gerecht trifft, läuft Gefahr, in Gegnerschaften zu geraten. Statt Glück erfährt man dann Feindschaft, und der Spannungsbogen der Seele wird ein zutiefst unglücklicher. Man mag sich dann zwar vielleicht manchmal einbilden, daß das Ich Glück und Genugtuung erfährt, aber die Seele, welche vom Spannungsbogen lebt, leidet und wird im Extremfall auf das Kondensat eines Ichs reduziert. Die Deformation der Psyche wird als unglücklich machend erfahren, wogegen die Sprachregelung, in der reduzierten Seele könne wenigstens das Ich seine Genugtuung finden, wenig Abhilfe zu schaffen vermag.

Durch die Sprachgewohnheiten kann der Ausweg aus dem Unglück dann nur noch schwer gefunden werden, weil in dem Verlust des Spannungsbogens die Schuld an dem ganzen Geschehen zumeist dem anderen zugeschoben wird, so daß die Möglichkeiten für eine Neuentfaltung der Seele verbaut sind. Es empfiehlt sich daher von vornherein, jenen Spannungsbogen, den man Vernunft nennt, zu entfalten zu versuchen. Die Entgegensetzung von Ich und anderen ist günstigstenfalls nur ein Sonderfall des Spannungsbogens der Vernunft, der am besten eingehalten wird, wenn die Interessen des Ich eher unter „ferner liefen" ins Kalkül genommen werden.

Vernunft ist das Vermögen, Spannung auszuhalten und der Versuchung, Grenzen zu ziehen, innerhalb derer das heimliche Glück gesucht werden soll, zu widerstehen.

Vernunft ist damit die Ermöglichung von Gerechtigkeit. Den Menschen gerecht zu werden und Gerechtigkeit unter den Menschen auszuüben ist die tiefste Ermöglichung von Glück. Dies setzt eine emotionale Kraft voraus, nämlich das Aushalten von Spannung, so daß Vernunft als Vermögen, Gerechtigkeit zu verwirklichen, eine erhebliche und intensive emotionale Komponente enthält.

Mit Dingen, Worten, Gedanken und Menschen gerecht umgehen zu wollen, geht über das mosaische Gesetz der Zehn Gebote hinaus. Es bezieht eine Vernunft ein, die sich den Menschen, möglichst aber noch mehr verantwortlich empfinden will. Dieses Mehr ist riskant.

Es offeriert jedoch über das Hirnmodell einen Anschluß der ethischen Gesetze der menschlichen Gemeinschaft an eine kosmologische Gesetzmäßigkeit, wie sie von den ersten Philosophen der griechischen Tradition zu formulieren versucht wurden. In der Kosmologie droht die Besonderheit des Menschen zu verschwinden. Individualität und Ethik können vor dem kosmologisch verstandenen Werden und Vergehen der Dinge und der Deutung dieser Gesetze als Gerechtigkeit völlig aus dem Blick geraten. Andererseits gestattet die kosmologische Perspektive, nicht nur naturphilosophische, sondern auch naturwissenschaftliche Dimensionen des Menschen bis hin zur Hirnforschung zu eröffnen. Dies scheint mir ein wichtiges Unterfangen. Ich habe die Hoffnung, zeigen zu können, daß sich die ethischen Prinzipien der Menschheit als Glück in das Geschehen der Natur einschreiben können.

2. Ein Hirnmodell

2.1 Zur Methodik

Man weiß, daß von fünf Menschen, die im Dunkeln tastend einen Elefanten zu erkennen versuchen, jeder von einem völlig verschiedenen Gegenstand berichten würde, je nachdem, ob sie Rüssel, Stoßzahn, Schenkel, Hinterteil oder Schwanz zu fassen bekommen. Für jeden wäre es recht schwierig, eine integrative Perspektive zu gewinnen. Offenbar steht bei dieser Metapher aber zu sehr im Vordergrund, daß man sich objektive Naturwissenschaft immer noch als einen Umgang mit toten Gegenständen vorstellt. Der betastete lebende Elefant wird natürlich atmen, prusten, sich bewegen und Geräusche von sich geben und vielleicht auch einen Warntrompetenstoß schmettern.

Ein integratives Modell kann nicht immer schon dadurch erhalten werden, daß man verschiedene Puzzleteile zusammenzufügen versucht, sondern verlangt unter Umständen die Berücksichtigung einer völlig anderen bisher vernachlässigten Dimension. Auch die Erfolge der Kernphysik waren erst dadurch möglich, daß man sich auf die Möglichkeit anderer Formen von Logik einließ. Das zusammenfassende Modell der Hirnforschung wird in der jetzigen Phase weniger durch Integration der verschiedenen Puzzleteile als vielmehr durch die Einnahme einer neuen Erkenntnisperspektive entstehen. Die Erkenntnisse der Kernphysik waren dem Menschen nur möglich, indem er Positionen seines Selbstverständnisses mit ins Spiel brachte.

In der Hirnforschung gibt es eine ähnliche Herausforderung; in diesem Fall besteht auch die Chance, daß der Mensch eine Perspektive einnimmt, in welcher er zu sich selber kommt. Dies kann sogar eine Relativierung des Perspektivismus zugunsten einer andersgearteten Metaphorik sein. Was betrifft den Menschen in seiner Mitte, in welcher das Erkennen seiner Selbst angesiedelt werden könnte? Es sind Schmerz, Glück und das Leiden unter Ungerechtigkeit. Läßt man sich auf diese Grunddimensionen des menschlichen Erlebens ein, so bleiben die Funktionen des Gehirns nicht mehr so rätselhaft, wie wenn man es zum Beispiel nur als visuelles Signalerkennungssystem (neben vielen anderen Detailfunktionen) zu untersuchen versucht. Der Perspektivwechsel, der die Hirnforschung in ihr Menschliches bringt, kann an den Themen von Glück, Schmerz und Gerechtigkeit zeigen, wie gerade die freie Bewegung zwischen diesen das spezifisch Menschliche ausmacht. Die Unfähigkeit zum Glück (Anhedonie) bringt den Menschen genauso aus dem Gleichgewicht wie die strikte Verweigerung des Schmerzes. Die Beziehung zu den Systemen des „Gleichgewichts" zeigt sich bereits darin, daß der Schmerz nicht im somatotopen Homunculus der Somatosensibilität repräsentiert wird, sondern eine gesonderte Projektion in den Gyrus cinguli aufweist.

2.2 Der Gyrus cinguli

Diese Region spielt nun eine besondere Rolle bei der Balance der Hirnhälften. Funktionsänderungen in diesem Bereich stehen mit der schlechten Ausbalancierung der Hirnhälftenbeziehung bei Psychosen in Zusammenhang. Insbesondere Primaten-Untersuchungen haben gezeigt, daß dieses Gebiet für die Vokalisation, die Initiierung von Lautgebungen, von großer Bedeutung ist. Auch der Umgang mit dem Stroop-Test ist bei Störungen in dieser Region beeinträchtigt. Beim Stroop-Test weisen Signal- und Informationsebene einen Widerspruch auf. So kann z. B. das Wort „blau" in der Farbe gelb präsentiert werden. Personen im Schub einer beginnenden Schizophrenie fällt die Trennung der beiden Informationsebenen schwer. In gewisser Weise steht der Stroop-Test in Beziehung zu der Frage der Trennung von Ebene und Meta-Ebene und dem klaren Umgang mit dem Gödelproblem, zur richtigen Entscheidung zu kommen und mit Mehrdeutigkeiten am besten umgehen zu können. Es ist keine Frage, daß an dieser Stelle die Gesellschaft erwartet, daß Menschen auf sortierte Weise an das Zusammenspiel der Hemisphären herangehen.

Wichtig ist jedoch die Einsicht, daß die für diese Leistung erforderlichen Hirnregionen auch Schmerzprojektionen erfahren. Dies läßt sich in mehrerer Hinsicht interpretieren.

Man könnte folgern, daß psychotische Krankheiten gerade deswegen ausbrechen, weil der Betreffende auf alle Fälle, gleichsam auf Biegen und Brechen, alles Schmerzhafte vermeiden will. Man kann aber auch folgern, daß der Schmerz gerade dort das Individuum trifft, wo es sich in seiner Aufmerksamkeit zu Entscheidungsprozessen zusammenrafft.

2.3 Der Ausweg des Personattraktors

Der Sprachgebrauch (der Schmerz auch als Seelenschmerz) deutet es bereits an, daß der Schmerz kein Geschehen ist, von dem wir uns wie von anderen Sinneswahrnehmungen einfach distanzieren können. In vieler Hinsicht ist der Schmerz keine Wahrnehmung, sondern eher eine Störung der Entfaltungsmöglichkeiten der Kognitionsprozesse. Es braucht daher nicht allzusehr zu verwundern, daß der Mensch im Schmerz einen anderen Attraktor für seine Lebensprozesse sucht. Dieser kann am ehesten im Attraktor von Personalität gefunden werden, der einer der stärksten Attraktoren im Gehirn sein kann und in der Bildlichkeit des Antlitzes nicht selten Geborgenheit liefert. Auch die Vorstellung des Ich kann bildgeworden zu dieser Art von Attraktor werden. Die Ausflucht in diesen Attraktor kann aber die Erfahrung mit sich bringen, daß die für die Balance der Hirnhälften wichtigen Hirnregionen verlassen wurden und damit eine Einseitigkeit ins Spiel kommt, die das Verhalten der betreffenden Person auf nachteilige Weise verändern kann. Der Mensch steht immer wieder in der Gefahr, ein Glück zu suchen, das sich von der Welt abkoppelt und dadurch zum Unglück führt.

2.4 Die Kraft zur Negation

Zum Balance-Halten gehört die Fähigkeit, Impulse zu unterdrücken, die das Gleichgewicht der Welt und der Psyche gleichermaßen zerstören könnten. Wichtig hierfür sind frontale Hirnregionen, die bei der Unterdrückung von z.B. störenden visuellen Informationen trainiert werden können. Trainiert man seine Augen darauf, einem bildhaften Impuls gerade nicht zu folgen, so übt man eine Kraft geistiger Souveränität, die mit den frontalen Hirnregionen in Beziehung steht. Diese Kraft der Negation muß sich auch gegen das eigene Ich wenden können, wenn sie die Balance der Gerechtigkeit aufrechterhalten und nicht in den Narzißmus eines Selbstbildes, um das herum alles negiert wird, zurückfallen will. Ich kann mir vorstellen, daß ein entsprechendes Bildschirmtraining zur Einübung entsprechender Management-Verhaltensweisen förderlich sein kann.

2.5 Der Schlüssel zum Code

Ohne Zweifel gibt es in der Hirnforschung ausgeprägte Moden. Das Stirnhirn und der Gyrus cinguli sind gegenwärtig von besonderem Interesse. Ich glaube, daß andere Regionen des Gehirns, wenn die entsprechenden Untersuchungstechniken zur Verfügung stehen, auch einmal in den Mittelpunkt des Interesses treten können, so z.B. die Inselregion, in der Tiefe zwischen Stirn- und Schläfenlappen verborgen, die den gegenwärtigen Untersuchungsmethoden eher eingeschränkt zugänglich ist. Gerade diese Region wäre aber von besonderem Interesse, da sich in ihr in Ergänzung zum motorischen und zum somatosensiblen somatotopen Homunculus gleichsam ein vegetativer Homunculus verbirgt. Hier findet das Vegetative, also die Leiblichkeit, seine Verbindung mit der Kognition. Aus der Gesamtsicht kann die Bedeutung dieser Region schon jetzt markiert werden. Wenn man den ganzen Elefanten in den Blick nimmt, kann man sagen, daß man an dieser Stelle einen wesentlichen Teil von ihm findet, auch wenn man die Gyri der Dickhäuterhaut hier im einzelnen funktionell noch nicht durchanalysiert hat.

Den wesentlichen Schlüssel zum System möchte ich an anderer Stelle positionieren, nämlich im Frontalhirn selber. Eben weil das Gehirn mehrere hierarchische Möglichkeiten aufweist, stellt es teilweise ein heterarchisches System dar. Es sind sehr unterschiedliche Hirnregionen, die sich als Kommandoregion in einer bestimmten Situation herausstellen können und die aufgrund der Feedback-Meldung ihre Steuerfunktionen dann unter Umständen sogar abgeben müssen. Dennoch kann festgestellt werden, daß das Frontalhirn eine besondere Rolle bei der Organisation von zeitlichen Sequenzen spielt. Verhaltensmuster, die eine geordnete zeitliche Dimension aufweisen und in diesem Sinne hierarchisch sind, werden von den zielorientierten Strukturen des frontalen Cortex entworfen. Dabei spielt insbesondere der dorsolaterale frontale Cortex mit seinen Arbeitsgedächtnisfunktionen eine besondere Rolle. Dies bedeutet aber noch nicht, daß alles Verhalten, das extern betrachtet eine hierarchische Struktur aufweist, über den dorsolateralen frontalen Cortex gesteuert sein müßte. Man muß vielmehr darauf achten, ob dieses Verhalten nicht schon längst in eine automatisierte Routine hinabgeglitten ist. Dann sind zumeist viel eingeschränktere Regionen des Gehirns an der Funktion beteiligt. Untersuchungen der funktionellen Magnetresonanztomographie zeigen, daß eingeübte Verhaltensweisen, auch wenn sie recht komplex sind, wesentlich weniger Hirnareale benutzen, als dies bei neuen Entwürfen der Fall ist.

Grundsätzlich kommt dieser Frontalregion so etwas wie Ziel- und Leitmotivfunktionen zu. Einige Neurophysiologen nehmen an, daß für das Working-Memory des Frontalhirns ein Gating-Mechanismus besteht, der so geartet ist, daß er solche Funktionen aus dem übrigen Gehirn in das Working-Memory einlassen kann, die diesem Codierungsschlüssel entsprechen.

Hierzu möchte ich ein anderes Modell vorschlagen, das viele Evidenzen für sich versammelt. Zunächst ist davon auszugehen, daß informationelle Zellkontakte im Gehirn vorwiegend in beide Richtungen laufen (eine kontaktisierte Zelle sendet Kontaktfasern zurück). Angesichts dieser Tatsache läßt sich das Gate-Modell auch so formulieren, daß man annimmt, daß es vom Inhalt des Working-Memory abhängt, inwieweit die Informationsverarbeitung im übrigen Gehirn zu einer „schlüssigen" Konvergenz führt. Auf diese Weise wird der Inhalt des Working-Memory selber darüber entscheiden, ob bewußte Vorstellungen und unbewußte Informationsverarbeitung zu einem inneren Zusammenhang führen. Die Frage der Kohärenz der Informationsverarbeitung im Gehirn wäre damit nicht eine abstrakte Frage, die von ihren Inhalten losgelöst werden könnte. Vielmehr bestimmt der Mensch mit seinen lebendigen Anschauungen selber, inwieweit seine psychischen Vorgänge in einen inneren Zusammenhang gelangen können.

Angesichts der verschiedenen Zeiten und Codierungen im Gehirn, in dem durch die Art der Prozesse die Form der Zeit selber mitgegeben ist, kann die Lösung der Kohärenzfrage, also des Bindungsproblems, nicht darin gefunden werden, daß man völlige Synchronie der Impulse im Gehirn sucht, denn dies wäre ein epileptischer Anfall und nicht sogleich ein höherer Zusammenhang der Kognition (doch selbst im epileptischen Anfall bzw. in seiner Aura kann es zu Kohärenzen kommen, die den Menschen beglücken können. Einen solchen Fall von Glücksaura erlebte der an Epilepsie leidende Schriftsteller Dostojewskij). Grundsätzlich jedoch muß bei der Frage der Kohärenz auch ein Verschiebungsmodus zwischen den Impulsen und die Frage der Übergangsgesetzlichkeiten bei der Impulsveränderung mit in den Blick genommen werden, so wie Friston dies getan hat.

Doch auch bei der Berücksichtigung der Kohärenzenmöglichkeit verschiedener Impulsfrequenzen ist die Frage der Bindung der verschiedenen Impulse im Gehirn damit noch nicht ohne weiteres gelöst. Die Lösung ist gerade das, was das Gehirn immer wieder versucht und auf der psychischen Seite als die Suche nach einem Leitmotiv, nach einem lösenden

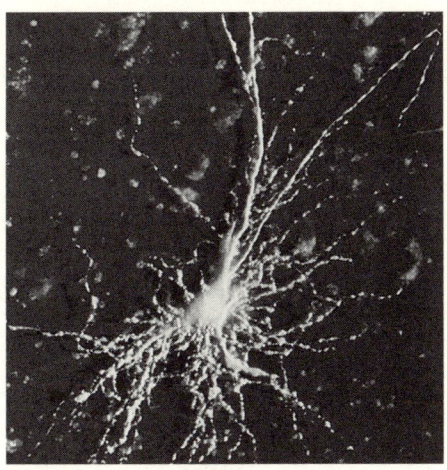

Abb. 4: Nervenzelle aus dem Hippocampus (mit krankhaft vermehrter Zellverästelung bei Epilepsie).

Wort oder nach dem Ziel bzw. Sinn des Lebens empfunden wird. Da wir nicht Herr über die Zeit unserer Hirnprozesse sind, da wir mit dem Versuch der „Herrschaft" gleich wieder neue Zeitprozesse ins Gehirn einfügen würden, bleibt die Suche nach dem größeren Zusammenhang eine ständige Aufgabe. Man kann versuchen, sich diesem größeren Zusammenhang auch dadurch zu nähern, daß man alle Prozesse und Programme etwas zurückfährt. Dies wäre allerdings eine kulturelle Entscheidung. Ein anderer Versuch wäre, ein Lösungswort anzustreben, das man nicht nennt, wodurch man vermeidet, fixierte und schablonenhafte Codes in das Spiel zu bringen.

An dieser Stelle ließe sich darstellen, wie man mit diesem Befund eine minimale Ethik und neue Anthropologie begründen könnte, nämlich in dem Sinne, daß die Ausstattung des Working-Memory mit Minima (z. B. Tötungsverbot) von der Hoffnung begleitet sein könnte, den Menschen in die Fülle seiner Zeiten zu bringen.

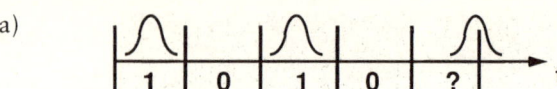

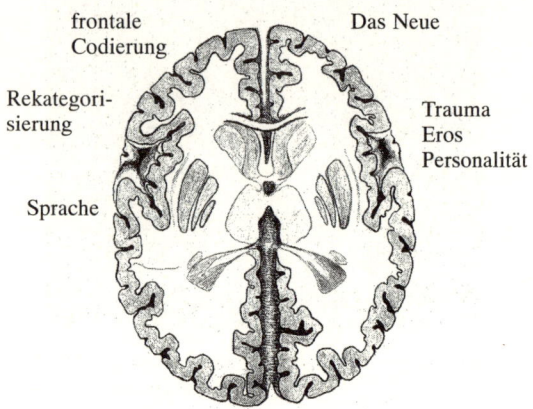

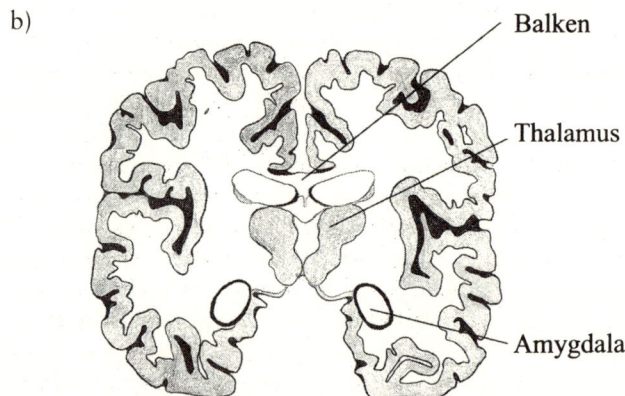

Abb. 5: a) oben: Anders als beim Computer findet sich im Gehirn kein konstanter Grundtakt für die Codierung. Unten: Frontale Hirntätigkeit liefert den Code zur Entschlüsselung der Aktivität in den übrigen Hirnregionen (Horizontalschnitt durch das Gehirn). b): Frontalschnitt durch das Gehirn.

2.6 Die Waagschale und die zwei Bewegungen des Lebens

Im Zusammenspiel der Hirnhälften kann man eine Bewegung ausmachen, derzufolge die Informationsverarbeitung den Weg von der nichtdominanten (zumeist rechten) zur dominanten (zumeist linken) Hemisphäre nimmt. Diesem Modell zufolge ist die rechte Hemisphäre eher auf das Neue ausgerichtet, das erst im weiteren Verlauf von der linken Hirnhälfte rekategorisiert wird. Der Weg neuer Informationen wäre der Weg zur sprachlichen Einordnung.

In der rechten Hirnhälfte wird dagegen eher das noch nicht Einzuordnende verarbeitet, aber auch das stark Emotionale, so auch die Liebe und psychische Verletzung. Auch in der rechten Hemisphäre können angenehme Emotionen ihren Ort haben, das Glück auf längere Dauer sucht jedoch deren Einordnung ins Wort. Es gibt jedoch auch noch eine andere Bewegung, die hierzu gegenläufig ist. Der Mensch sucht Emotionen und versucht seine Kategorien auszuprobieren, um neue Kohärenzen zwischen den Hirnzentren zumindest zeitweise zu stabilisieren. Erst dadurch, daß der Mensch aus seinen vorgefaßten Kategorien heraustritt, kann er diese dann im nachhinein wieder bestätigen. Zwei gegenläufige Bewegungen halten also die Aktivität der Hirnhälften zusammen: Suche nach dem Neuen und Rückführung ins Wort. Die individuellen Unterschiede sind hierbei erheblich, und manch ein Künstler sucht nach dem Aufbrechen der Kategorien das ständig Neue ohne Rückkehr in die Kategorien und Grammatik der linken Hirnhälfte. Die Frage nach der Hemisphärendominanz ist deswegen auch immer eine Frage der Individualität, vor allem kann an den Inhalten nicht ohne weiteres abgelesen werden, ob sie von der linken oder von der rechten Hirnhälfte verarbeitet werden. Bisweilen werden auch Bilder stärker linkshemisphärisch analysiert. Aus kulturphilosophischen Gründen die Verhältnisse zwischen den Hirnhälften umkehren zu wollen kann ein einseitiger Akt sein.

Wenn man auf der Ebene der Hirnhälften überhaupt Ratschläge formulieren will, so könnte man höchstens sagen, daß entsprechend einem Waage-Modell der Hirnhälften es von Vorteil zu sein scheint, in die jeweils weniger belastete Hirnhälfte etwas mehr hineinzutun.

Will man also die Rationalität fördern, so sollte man auch etwas in den Bereich der Emotionen hineintun, jedenfalls wenn man will, daß die Rationalität sich in Kreativität entfaltet. Manch einer mag das Gleichgewicht in der Waagschale auch dadurch zu gewinnen versuchen, daß er aus der jeweils überlasteten Hemisphäre etwas zurücknimmt.

2.7 Schaltstationen tief unter dem Neo-Cortex

Das Modell kann nicht vollständig sein, wenn man nicht die Hauptgegenden zur Informationseingabe für den Neocortex berücksichtigt. Die Gyri cinguli spielen eine große Rolle für das Gleichgewicht zwischen den Hirnhälften, die dieses

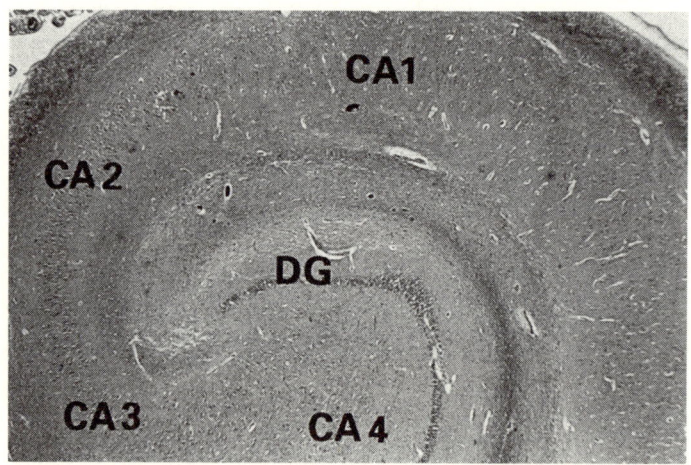

Abb. 6: Gewebeschnitt eines menschlichen Hippocampus mit den Abschnitten CA1, CA2, CA3 und CA4 sowie dem Gyrus dentatus (DG). Die Zellen und die Markscheiden wurden mit einer HE-Luxol-Fast-Blue-Färbung dargestellt.

anders als das Frontalhirn nicht im explizit verbalen Programm, sondern in der emotionalen Balance durchzusetzen versuchen. Sie erhalten aus der Tiefe des limbischen Systems wichtige Informationen, insbesondere aus dem Hippocampus und dem Mandelkern. Der Hippocampus informiert insbesondere über Neues, während der Mandelkern dazu neigt, die Welt nach dem Freund-Feind-Schema zu beurteilen.

Vereinfacht gesprochen, betrachtet der Hippocampus die Welt wie ein verrechnender Computer oder, um es mit Nietzsche zu sagen, wie „ein kalter Engel". Der Mandelkern hingegen vollführt eine emotionale Wertung im Hinblick auf notwendige Flucht und Aggression und sortiert im wesentlichen nach dem Freund-Feind-Schema. Man könnte sagen, um die analoge Sprechweise weiterzuführen, daß es sich um eine Art Carl-Schmitt-Modul handelt.

Wenn wir unser Modell also im Zusammenhang betrachten, dann käme den linksfrontalen Regionen insbesondere die Zielorientierung und leitmotivische Ausgerichtetheit zu, die in rückkoppelnden Verfahren einen mehr oder weniger geglückten Schlüssel für die verschiedenen Codierungen und Zeiten der verschiedensten Prozesse im Gehirn liefern kann. Im Gyrus cinguli kann dieses Konzept nicht durchgesetzt werden, sondern muß gemäß den Hemisphärenprozessen in einen Ausgleich gebracht werden. Gelingt dieser nicht, so droht der psychotische Rückzug mit Zerfall des Hemisphärenzusammenspiels. Ähnliche Ungleichgewichte können sich auch in schwersten Schmerzsituationen einstellen. Fällt der Mensch nun in die Tiefe der Hierarchie der Weltsortierung zurück, so kann er, statt der Differenzierung der Gerechtigkeit mit Vernunft zu folgen, zuweilen in die limbischen Mechanismen der Aggression geraten. Die verschiedenen psychischen kognitiven Systeme zusammenzuhalten ist keine leichte Aufgabe, und zur Vervollständigung des Bildes sei noch auf jene subcorticalen Regionen verwiesen, die dabei verschiedene Funktionen übernehmen können.

Der Thalamus stellt ein Verstärkersystem für einmal ausgewählte Informationen dar und kann außerdem gewisse Funktionen zur zeitlichen Koppelung der verschiedenen Hirnregionen übernehmen. Auch vom Kleinhirn weiß man, daß es für zeitliche Feinabstimmungen nicht nur in der Motorik, sondern auch bei kognitiven Prozessen Verwendung findet. Die Basalganglien, deren Funktion zumeist primär in den Feinentwurf der Motorik geordnet wird, können ebenfalls für die Verfeinerung kognitiver Handlungsdimensionen eingesetzt werden. Auf diese Weise stellt das Gehirn ein vielfältiges fraktales System mit vielen Selbstähnlichkeiten dar, in dem auf unterschiedlichen Ebenen verschiedene Entscheidungsprozesse sich wiederholen. Die diversen Momente der Welt in Balance zu halten, wie dies auf höchster Ebene im Gyrus cinguli und Frontalhirn, vielleicht aber auch im Hinblick auf die vegetative Funktion des eigenen Körpers in der Insel der Fall ist, stellt keine einfache Aufgabe dar. Es ist kein Wunder, daß der Mensch manchmal so gerne nach der Erholung sucht, einfach eine Blume zu pflanzen, wobei bei dieser Aufgabe alle kognitiven Funktionen des Gehirns (Abgleich mit der umgebenden Erde usw.) beteiligt werden, ohne daß für seine Existenz gleich alles auf dem Spiel stehen muß.

3. Bewußtsein, Koma und Nahtodeserfahrungen

3.1 Bewußtsein: Repräsentation oder Programmwechsel?

Das Gehirn arbeitet daran, kognitive Karten für die eigenen Zustände zu erstellen. Diese „Repräsentation" wirft erkenntnistheoretisch mindestens so viele Probleme auf wie die Frage der genauen Wahrnehmung der Außenwelt. Das Bewußtsein kann sich nicht sicher sein, daß es den Zustand des Gehirns angemessen repräsentiert, oft hält es sich in den Zeichenbezügen auf, die von einem Wort, Zeichen und Begriffssystem vorgegeben sind, ohne die aktuellen Zustandsänderungen zu bemerken. An dieser Stelle ist die Rede von einer Fehlrepräsentation oder gar von einem falschen Bewußtsein anzusetzen. Sie würde jedoch verkennen, daß die Selbstdeutung des Gehirns auch ein wesentlich konstitutiver Teil der Hirnprozesse ist. Um zu einem angemessenen Monitoring von dem Außen und Innen der Welt zu gelangen, muß das Gehirn in der Lage sein, seine kognitiven Repräsentationen ständig ändern zu können, diese bisweilen sogar nicht zum Bewußtsein gelangen zu lassen, damit Handlungsvollzüge in ihrer Komplexität voll konzentriert erbracht werden können. Bewußtsein kann nicht einfach als eine mentale Repräsentation verstanden werden und ist daher etwas, das sowohl mit Repräsentationen als auch mit der Verabschiedung von ihnen verbunden sein kann. Man kann formulieren, daß das Bewußtsein die Fähigkeit voraussetzt, sein Programm jederzeit ändern zu können. Auf das Programm des „Ich denke" zu schalten, wäre nur ein Sonderfall dieser allgemeinen Befähigung.

Die deutliche Zuordnung von Bewußtsein und der Fähigkeit, ein Programm zu ändern, wird in einigen Sonderfällen, in Zwischenstadien des kognitiven Verhaltens, besonders deutlich. Untersucht man bei einem Patienten eine Hirnhälfte, während die andere narkotisiert ist, so kann es bei einem bestimmten Verteilungsmuster der kognitiven Funktionen vorkommen, daß der Patient die Aufgabe von Vor- und Rückwärtszählen fehlerlos vollführt, dabei aber nicht in der Lage ist, bei weiteren Aufforderungen dieses Zielprogramm zu korrigieren und auf andere Fragen zu antworten. In einem Fall zählte der Patient trotz zahlreicher Aufforderungen, seine Nase zu zeigen, ein Bild zu beschreiben, einen Gegenstand zu benennen usw., bis zur Ziffer 0 zurück, begann dann von 0 an wieder vorwärts zu zählen. Damit überstieg er sogar das ursprüngliche Programm, von 100 rückwärts zu zählen. Dabei war er weiterhin von seiner Zähltätigkeit nicht abzubringen. Interessanterweise benutzte er, als er über 100 gelangte, sogar Abkürzungsstrategien und zählte in Zehnergruppen („110, 120, 130 usw."). Ab 210 zählte er dann wieder alle einzelnen Zahlen und hörte bei 230 auf. Typischerweise konnte er sich an diese Leistung anschließend nicht erinnern.

Hatte nun ein Bewußtsein vorgelegen, welches zwar nicht erinnert wurde, für die Zeit des Zählens aber ausgeprägt war? Natürlich hängt das immer davon ab, was für einen Bewußtseinsbegriff man zugrunde legt. Der aus der Sicht der Introspektion entwickelte Bewußtseinsbegriff läßt sich ohnehin nur mit metaphorischem Mut an externe Bedingungen anheften. Vieles spricht jedoch dafür, daß bei diesem Patienten während der Zählaktion ein Bewußtsein, in dem vorzüglichen Sinne der Fähigkeit, unsere Programme zu steuern und zu variieren, nicht vorhanden war. Es ist jedoch nicht auszuschließen, daß das Bewußtsein in dem Sinne einer Einengung sich verformte, als sich der Patient auf seine Aufgabe konzentrierte.

Insgesamt ist es jedoch erstaunlich, daß eine Leistung, die nicht durch eine alltägliche Automatisierung zum Tragen kam, wohl aber auf einen Algorithmus zurückgeführt werden kann, der bei relativ hoher Komplexität ohne das Vorhandensein bewußter Korrektur vollführt werden kann. Möglicherweise bedeutet also die Reduktion kognitiver Leistungen auf einen einzelnen mathematischen Algorithmus nicht die Überhöhung, sondern den Verlust von Bewußtheit. In diesem Sinne wäre das Bewußtsein das Zur-Verfügung-Stehen *verschiedener* Algorithmen.

Auch die Benutzung des Algorithmus der Ich-Philosophie, der Kognitionen *systematisch* in das „Ich denke" kollabieren lassen will, wäre in diesem Sinne eine Form des Bewußtseinsverlustes.

In dem von uns bevorzugten Modell hat das Bewußtsein mit der Spannbreite überlegter möglicher Algorithmen zu tun. Vernunft als sich verantwortende und fragenstellende Benutzung einer weiten Spannbreite von Algorithmen findet mit dem Bewußtsein eine gleichsinnige Entfaltung.

3.2 Wirklichkeitsaufbau

Es stellt eine wesentliche kognitive Vereinfachung dar, wenn man alles auf einen einzelnen Algorithmus zurückführen kann. Zumeist wird der Mensch bei diesem Versuch jedoch nur zu einem dogmatischen Automaten. Die Entschichtung kognitiver Deckungsgleichheiten stellt eine wesentliche Leistung des Bewußtseins dar. Die Entfaltung der Wirklichkeit über ein wortmagisches Stadium hinaus ist ein wesentliches Kennzeichen eines sich differenzierenden Bewußtseins. Beim Abklingen einer Hirnhälftennarkose kann man immer wieder beobachten, auf welche Weise und sogar nach welchen Gesetzen der Aufbau von Wirklichkeit erfolgt. Zeigt man solch einem Patienten in der Phase des Wiedererlangens der Sprache und Lesefähigkeit eine Schrifttafel mit dem Text: „Zeigen Sie bitte Ihre Nase!", so wird nicht selten anstelle der eigenen Nase lediglich das geschriebene Wort „Nase" gezeigt. Auch bei wiederholtem Befragen ändert sich daran oft erst nach einer Weile etwas, indem der Patient dann nicht auf seine, sondern auf die Nase des Untersuchers zeigt. Erst nach dieser Phase zeigt der Patient seine eigene Nase.

Das Beispiel belegt, daß in der Frühphase des sich entfaltenden Bewußtseins Wort und Ding noch nicht aufeinander bezogen sind, daß dann aber in der Phase der Gegenstandserkennung erst am anderen bezeichnet wird, bevor die Leistung der Selbstbezüglichkeit entwickelt wird. In diesem Sinne erscheint das Ich als etwas dem anderen Abgeschautes. Evolutiv ist das Ich etwas später Kommendes, und die Philosophie kehrt die Verhältnisse um, wenn sie von diesem Ich aus die

a)
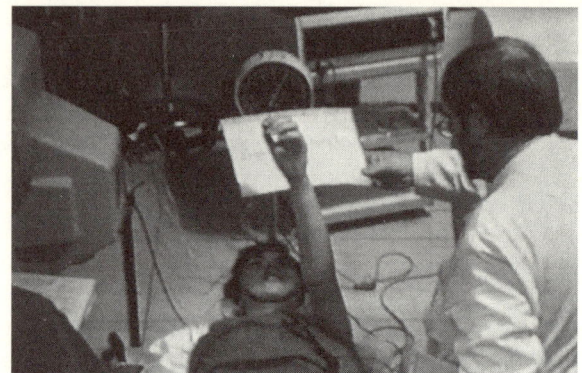

b)
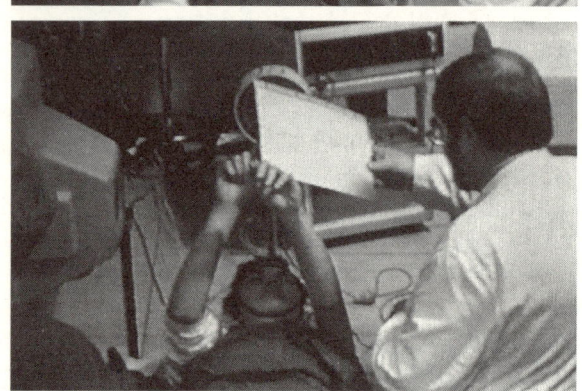

c)
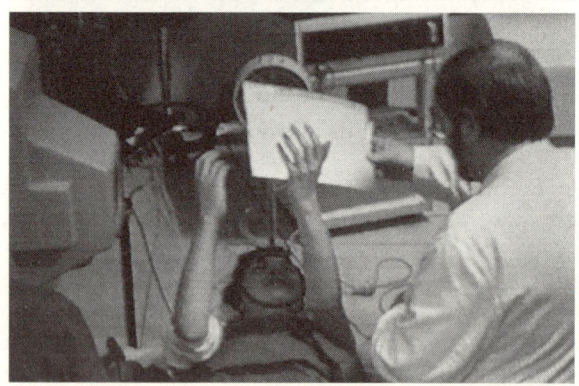

d)

e)

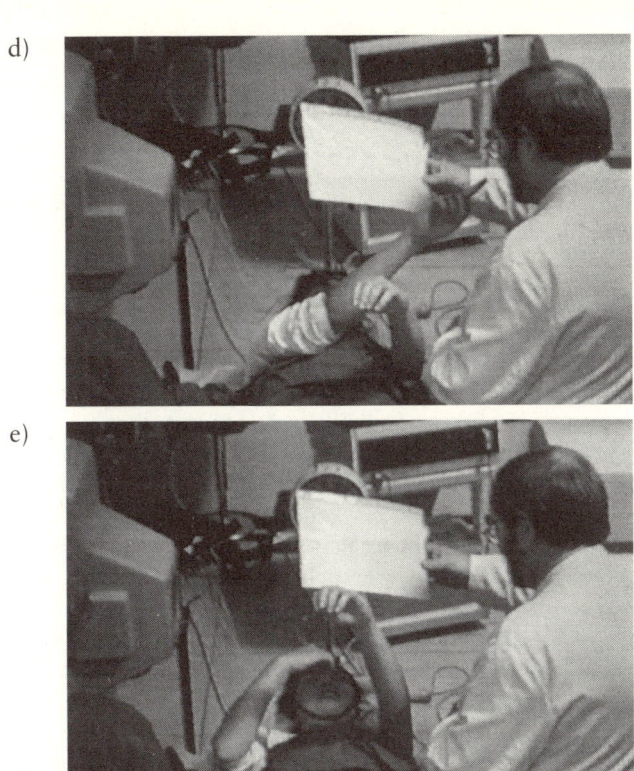

Abb. 7: Schrittweiser Wirklichkeitsaufbau nach dem Aufwachen aus einer Narkose der dominanten Hirnhälfte (Wada-Test). Auf der Schrifttafel steht: „Zeigen Sie bitte Ihre Nase!". Die Patientin a) ist zunächst noch aphasisch und im rechten Arm gelähmt, b) zeigt dann das Wort Nase auf der Schrifttafel, c) weiß dann nicht weiter, d) zeigt die Nase des Untersuchers und erst danach e) die eigene Nase.

Welt zu gewinnen versucht. Sie hat mit diesem Manöver die Ansicht auf ihrer Seite, daß damit die Fülle der Differenziertheit gewonnen sein kann. Sie muß allerdings aufpassen, daß sie dabei unter dem Titel des „Ich" nicht selber wieder in eine Art von Wortmagie hinabfällt. Die Leistung des Bewußtseins liegt ja gerade in Differenzierungsprozessen, die nicht an einem bestimmten Inhalt Halt machen.

3.3 Neglekt und Bewußtsein

Das Aufmerksamkeitssystem ist im Gehirn asymmetrisch angeordnet. Es ist in der rechten Hirnhälfte stärker ausgeprägt. Schädigungen in dieser Hirnhälfte können zur Vernachlässigung von Informationen aus dem linksseitigen Wahrnehmungs- und Handlungsbereich führen. Bei einem Schlaganfall oder auch einer kurzzeitigen Narkose in dieser Hirnhälfte kann es vorkommen, daß der Betreffende die Lähmung seines gegenüberliegenden Armes gar nicht wahrnimmt. Auf die Aufforderung, den rechten und den linken Zeigefinger zusammenzuführen und mit den Spitzen gegenseitig zu berühren, erfolgt dann eine Bewegung des rechten Armes und auf die Frage „Klappt es denn?" kann dann die Antwort kommen: „Ja, gut!"

Diese Situation wird als Neglekt bezeichnet und ist unter anderem darauf zurückzuführen, daß manche Hirnprozesse kein zusätzliches Monitoring erfahren und daß bei Auswahl des Prozeßsystems ein Monitor den Mißerfolg nicht registriert. Beim Neglekt sind Prozessoren für die Wahrnehmung ausgefallen. Dies stellt eine Einschränkung des Bewußtseins dar (als Bewußtsein von etwas). Die nachgeordnete Selbstrepräsentation kann dabei sogar entsprechend der fehlenden Armprozesse umgeformt werden. So sagte ein Patient: „Der Arm gehört nicht zu mir!" und ein anderer: „Dieser Arm gehört zum Arzt, er hat drei Arme." Bewußtsein kann sich an Repräsentationen abarbeiten, aber es ist mit ihnen noch nicht gegeben (sonst wäre auch ein Klon, der einen Menschen „repräsentiert", dessen Bewußtsein).

Von besonderem Interesse ist die Einsicht, daß in einem kognitivem System des Menschen Defizite vorliegen können, ohne daß er diese bemerkt. Dies gilt nicht nur für einen Neglekt eines Armes oder eines Sehfeldbereiches, sondern kann auch die Wahrnehmung von eigenen Krankheiten betreffen (Anosognosie). Über Entsprechungen zu unserem Alltagsverhalten oder z. B. auch über unsere Fähigkeit, unseren Gerechtigkeitssinn umzusetzen, darf frei spekuliert werden.

3.4 Koma, Apalliker und Informationsverarbeitung ohne Bewußtsein

Zur Bewußtlosigkeit kann es auf verschiedene Weise kommen. Die Ursachen können außerhalb des Gehirns liegen und nur auf dieses wirken, so z.B. bei Stoffwechselkrisen, durch Diabetes, Nierenversagen oder Zusammenbruch der Leberfunktion. In solchen Fällen kann das interne Stoffwechselmilieu so verändert sein, daß geordnete elektrochemische Prozesse im Gehirn nicht mehr stattfinden können. Ein Bewußtseinsverlust kann jedoch auch durch unmittelbare Schädigung des Gehirns selber eintreten, so z.B. durch den Hirndruck, den ein Hirntumor hervorruft oder durch die Zellzerstörung, die eine Blutung nach einem Schädelhirntrauma bewirkt.

Auf Intensivstationen wird eine Skala der Tiefe des Bewußtseinsverlustes benutzt, derzufolge das Koma je tiefer ist, um so mehr an Reaktionen fortfällt (z.B. Augenöffnen auf Ansprache, Augenöffnen auf Schmerzreiz, gezielte Abwehrbewegung auf Schmerzreiz, ungezielte Abwehrbewegung auf Schmerzreiz, Spontanbewegungen usw.). Nimmt der Hirndruck im Schädel vom Großhirn bis zum Hirnstamm zu, so kommt es zu einem gesetzmäßigen motorischen Reaktionsschema mit zunächst reflektorischer Beugung der Extremitäten und sodann reflektorischer Streckung der Extremitäten. Wenn kein fortschreitender Krankheitsprozeß zugrunde liegt, kann ein Koma über Monate oder Jahre anhalten. Wenn ein Koma nach Schädelhirnverletzung nicht allzu lange über vier Wochen hinaus andauert, kann anschließend auch die ursprüngliche Leistungsfähigkeit wiedererlangt werden. Bei leichteren Formen des Komas kann über die Hirnströme sogar der Schlaf-Wach-Rhythmus nachgewiesen werden. Dies bedeutet, daß der Schlaf ein eigenständiger Regulationsmechanismus ist, der von dem Phänomen der Bewußtlosigkeit unabhängig reguliert werden kann.

Unter dem Begriff Apalliker wird eigentlich verstanden, daß der Hirnmantel (Pallium) ausgefallen ist und daß es dadurch zur Bewußtlosigkeit gekommen ist. Dem liegt noch die Vorstellung zugrunde, daß das Bewußtsein in erster Linie eine Angelegenheit der Hirnrinde wäre.

Entgegenzuhalten ist dem jedoch, daß der Verlust der Wachheit und damit das Auftreten von sogenannter Bewußtlosigkeit am ehesten nach Schädigung im Hirnstammbereich zu beobachten ist. Einem apallischen Syndrom kann also auch eine Hirnstammschädigung zugrunde liegen. Für den Umgang mit Betroffenen seitens der Angehörigen, Pfleger, Ärzte und Schwestern ist von großer Bedeutung, inwieweit der Bewußtlose zu Wahrnehmungen noch fähig ist.

Um diese Frage genauer zu untersuchen, ist der Einsatz von elektrophysiologischen Techniken geeignet. Mit Hilfe von ereigniskorrelierten Potentialen kann man bestimmen, ob ein Patient z.B. Regularitätserwartungen hinsichtlich der Außenwelt aufbaut und diese ggf. korrigieren kann. Für die Untersuchung setzt man dem Patienten Kopfhörer auf und spielt ein Tonband, auf dem regelmäßig akustische Klicks auftreten. Das Band ist so konfiguriert, daß diese akustischen Klicks auf unvorhersehbare Weise in durchschnittlich jedem achten Fall ausfallen. Mißt man nur die Hirnströme jeweils nach einem ausgefallenen Klick und summiert und mittelt diese Hirnströme anschließend, so zeigt sich ein ereigniskorreliertes Potential, das P 300. Dieses positive, mit einer Verzögerung von 300 ms auftretende Signal ist Ausdruck einer Korrektur der Erwartungen, die sich im Gedächtnis des bewußtlosen Patienten trotz Bewußtseinsverlust aufbauen können.

Fällt der Klick aus, so wird die Erwartung enttäuscht und das Erwartungsprogramm korrigiert. Dieser Korrekturprozeß findet seine Entsprechung in der positiven Welle P 300. Damit hat man eine Technik in der Hand, bei einem bewußtlosen Menschen die Komatiefe zu messen. In der Tat gibt es viele leicht ins Koma gefallene Patienten, die diese Erwartungskorrekturwelle aufweisen.

Damit ist nachgewiesen, daß komplexe Informationsverarbeitungen auch dann stattfinden können, wenn nach externen Kriterien geprüftes Bewußtsein nicht nachweisbar ist. Es wird also ein Algorithmus, eine Repräsentation der Außenwelt aufgebaut, der über ihre Regularitäten eine Annahme macht. Die Korrektur dieser Annahme ist offenbar noch kein genügend komplexer Vorgang, um das Vorhandensein von Bewußtsein vorauszusetzen. Bewußtsein ist mehr als der Aufbau einer Repräsentation und deren womögliche Korrektur. Es besteht vielmehr im Vergleich verschiedener Prozesse und Außenweltsannahmen, denn sonst könnten wir unter dem Begriff des Bewußtseins, im Aufbau einer Repräsentation der Außenwelt und ihrer gelegentlichen Korrektur, uns zu einem Automaten transformieren, bei dem selbst die Korrekturmechanismen einen gewissen algorithmischen Charakter haben. Dies erscheint mir gegenüber repräsentationalistischen Bewußtseinstheorien (eine Repräsentation gilt dabei als Charakteristikum von Bewußtsein) als wichtige Einsicht.

3.5 Locked-in-Syndrom und Semantik

Die genaue Untersuchung von Koma-Patienten ist außerordentlich wichtig, da auf diese Weise nicht nur die Tiefe des Komas bestimmt werden kann, sondern auch unter Umständen ein Zustand entdeckt werden kann, bei dem nur vermeintlich ein Koma vorliegt, weil der Patient zwar bei Bewußtsein, aber nicht in der Lage ist, sich an die Außenwelt zu wenden. Dies ist bei dem sogenannten *Locked-in-Syndrom* der Fall, bei dem der Patient im klassischen Fall außer der Bewegung der Augen nach oben und unten keine motorischen Entäußerungen vollbringen kann.

Die Ursache für ein solch schweres Krankheitsbild ist die Zerstörung von Strukturen des Hirnstammes zumeist durch eine

Abb. 8: Das Gehirn ist kein Automat im Sinne des „Chinesischen Zimmers" von John Searle, in dem nur Zeichen zugeordnet werden. Angesichts der metaphorischen Kraft der rechten Hirnhälfte gleicht das Gehirn eher einer „Kartenspielergruppe à la Cezanne".

Blutung (Schlaganfall). Wenn man die Möglichkeit der Augenbewegung entdeckt hat, kann man mit dem Patienten vereinbaren, daß die Bewegung nach unten ja und die Bewegung nach oben nein bedeutet. Auf diese Weise ist eine Kommunikation mit einem Patienten mit Locked-in-Syndrom möglich. Problematisch ist die Situation, wenn auch die Vertikalbewegungen der Augen ausgefallen sind. Bei solch einem kompletten Locked-in-Syndrom kann nur über elektrophysiologische Techniken, also z. B. über visuelle Stimuli getestete ereigniskorrelierte Potentiale, festgestellt werden, ob der Betreffende bei Bewußtsein ist. Folgt man den Sprachtheorien etwa eines sensualistischen Atomismus, dann wäre solchen Patienten keine Semantik zuzuschreiben, da sie keine echte Referenz zur Außenwelt besitzen (das Gehirn in der „Vitrine").

Ich denke, daß man auch mit einem Semantikbegriff operieren kann, der den internen Sprachprozessen solcher Patienten gerecht wird und als „interne Semantik" bezeichnet werden kann. Das Gehirn ist kein chinesisches Zimmer, in dem wie Searle es sich vorstellt, nur Zeichen mit externen Leitungen verbunden werden. Das Gehirn ist zu einem höchst metaphorischen Gebrauch dieser Zeichen in der Lage und gleicht daher eher einer verräucherten Hinterstube, in welcher sich konspirative Dichter zu ihren Gesprächen treffen.

Aber auch wenn man einem eingeschlossenen Gehirn keine eigene Semantik zusprechen will, wie dies der Philosoph Hilary Putnam tut, so braucht man aufgrund dieser besonderen linguistischen Positionierung dem Menschen seine Würde noch nicht abzusprechen. Gerade der Locked-in-Patient bedarf der besonderen Fürsorge, und falls ihm jemand Bewußtsein und aus seiner bestimmten philosophischen Position heraus damit auch Personalität absprechen will, so sei Immanuel Kant erwähnt, der bereits darauf hinwies, daß die entscheidenden Dimensionen des Menschen (Freiheit und Würde) in der Biologie nicht nachgewiesen werden können, sondern dem Menschen auf der Ebene des Rechts zuzuschreiben sind.

3.6 Hirntheorie in der Anwendung: Nahtodeserfahrungen

Das Interesse an der Hirnforschung ist nicht zuletzt deswegen besonders groß, weil sie geeignet ist, bis dahin unerklärliche Phänomene einer Deutung zuzuführen. Zu diesem Bereich gehören auch die Nahtodeserfahrungen, die zu Unrecht als Erfahrung von einem „Leben nach dem Tode" beschrieben wurden. Bei den Nahtodeserfahrungen handelt es sich nicht um Erfahrungen aus einer „Welt" nach dem Tode, sondern um Erlebnisse, die sich unter Extrembedingungen der Hirnfunktionen einstellen können. Solche extremen Bedingungen liegen vor, wenn die Hirndurchblutung durch gestörte oder ausgefallene Herzfunktionen verändert ist oder wenn das Gehirn durch Todesangst in einen maximalen Aktivierungszustand versetzt wird.

Vor dem Zeitalter der Reanimation war es üblich, beim Herzstillstand vom klinischen Tod zu sprechen. Erst später führte man beim Herzstillstand Wiederbelebungsmaßnahmen ein. Der Tod tritt erst 10 Minuten nach dem Herzstillstand ein, und zwar aufgrund einer irreversiblen Schädigung des Gehirns. Nahtoderfahrungen sind nach diesem Zeitpunkt nicht mehr möglich, sie sind auch beim dissoziierten Hirntod, d.h. dem irreversiblen Hirnversagen ohne Ausfall der Herztätigkeit, mit den Gesetzen dieser Welt nicht vereinbar zu denken.

Nahtoderfahrungen als Erfahrungen des lebendigen Organismus in der Extremsituation haben für die Kulturgeschichte ein reiches Bildermaterial geliefert. Die damit verbundenen Erfahrungen ermöglichen einen tieferen Einblick in unser Alltagsbewußtsein, ohne jedoch schon eine Sicht auf ein wie auch immer geartetes „Jenseits" zu garantieren. Zu den Nahtoderfahrungen gehören vor allem:
1. die Einnahme einer außerkörperlichen Perspektive (man sieht seinen eigenen Körper und die daran hantierenden Ärzte und Pfleger und Schwestern aus einer darüberschwebenden Perspektive),
2. die Erfahrung von Licht am Ende eines Tunnels,
3. die Begegnung mit helfenden Wesen (Angehörigen und „Engeln"),
4. ein Glücksgefühl.

Zu 1. *Außerkörperliche Perspektive:* Immer wieder berichten Patienten, daß sie während der Wiederbelebungsmaßnahmen die Szene der Wiederbelebung aus einer Perspektive oberhalb des eigenen Körpers und der behandelnden Ärzte, Schwestern und Pfleger betrachtet hätten. Dies ist durchaus einer medizinischen Interpretation zugänglich. Ärzte und Rettungssanitäter werden bei einer kunstgerecht durchgeführten Reanimation auch stets auf die Pupillenreaktion achten, so daß die Augen zumindest einmal geöffnet werden. Diese Situation kann also über das natürliche visuelle System wahrgenommen werden.

Das visuelle System ist nun in der Lage, dabei eine Perspektive einzunehmen, die nicht mit der kulturell antrainierten In-eins-Setzung von Perspektive und eigenen Augen operiert. In

a)

b)

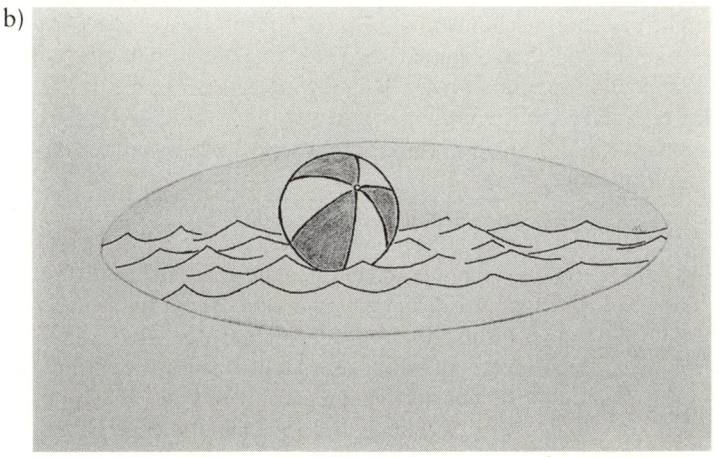

Abb. 9: „Out-of-Body-Experiences" bei Nahtodeserfahrungen. Wir nehmen bereits im gewöhnlichen Alltag, u.a. bei Erinnerungen, eine Perspektive ein, die unser Körper nie innegehabt hat. 80% der Menschen erinnern sich an ihren letzten Schwimmbadbesuch so, als ob sie sich vom Beckenrand aus beim Schwimmen zuschauen könnten (a), obwohl sie nicht sich, sondern den Ball im Sehfeld vor sich hatten (b).

unserer Kultur sind wir derart auf die Blickperspektive der Renaissance-Kunst eingeengt, daß es uns oft gar nicht zu Bewußtsein kommt, daß wir in sehr vielen Alltagssituationen einen Perspektivwechsel vornehmen. 80% der Menschen, die sich an ihren letzten Schwimmbadbesuch erinnern, sehen sich in der visuellen Erinnerung dabei in einer Perspektive, bei der sie sich gleichsam vom Beckenrand aus betrachtend im Wasser schwimmen sehen. Obwohl sie nur eine Perspektive eingenommen hatten, bei der sie die Wellen des Wassers unmittelbar vor ihren Augen sahen, sind sie in der Lage, sich anschließend selber auch aus einer anderen Perspektive zu betrachten.

Ähnliches gilt für die Erinnerung an eine Talwanderung, für die man rückblickend die Perspektive eines Ballonfahrers einnehmen kann, ohne je aus Ballonhöhe auf das Tal geblickt zu haben. Es ist nicht verwunderlich, daß man von diesem Perspektivwechselmechanismus Gebrauch macht, wenn die Identifikation mit dem eigenen in Schwierigkeiten befindlichen Körper unangenehm wird. Die Nahtodeserfahrung der außerkörperlichen Wahrnehmung weist also nicht auf ein Jenseits, sondern auf die Eingeschränktheit unserer Deutungen der Alltagserfahrungen hin.

Zu 2. Die *Tunnelerfahrungen* sind Ausdruck der Selbstdarstellungsfähigkeit des Nervensystems, das diese bildlichen Erfahrungen gemäß seinem eigenen Zustand zum Ausdruck bringen kann. Die innige Erfahrung des Gehirns mit den zwei grundlegenden Zuständen von Schlaf und Dunkelheit auf der einen und Licht und Wachen auf der anderen Seite kann metaphorisch zum Bilde des Erwachens und im Lichte wieder Lebendigwerdens der Tunnelerfahrung verschmelzen.

Zu 3. Die *Begegnung mit helfenden Gestalten, (z.B. Angehörigen oder „Engeln"):* Es ist verständlich, daß in den extremen Situationen nicht das „rationale Ich", sondern eine Person, die einem am Herzen liegt, zur Orientierung wird. Die Zerbrechlichkeit des Ich wird in der Extremsituation der Nahtodeserfahrung gerade deutlich und mit der Ablenkung vom eigenen Körper und vom eigenen Ich auszugleichen versucht. Nicht selten ist auch im Alltag eine nahestehende Person ein stärkerer Attraktor als das eigene Ich oder, um es volkstümlich auszudrücken: Das eigene Herz schlägt nicht selten für einen anderen und nicht für einen selber.

Von besonderer Bedeutung sind die Berichte über Begegnungen mit Wesen, die als Engel bezeichnet werden. Hier sind noch grundsätzliche Fragen zu prüfen, z.B. die, inwieweit solche Erfahrungen mit den „Doppelgänger"-Erlebnissen in Beziehung stehen. Doppelgänger-Wahrnehmungen sind bei zahlreichen Erkrankungen des Gehirns und der Psyche beschrieben. Eine Analyse dieser Phänomene betrifft die Kulturgeschichte und das Selbstverständnis des Menschen zutiefst. So ergibt sich z.B. die Frage, ob das Selbstbild, das wir uns von uns selber machen, nicht auch schon eine Art Doppelgänger ist und daß das, was wir Selbstverwirklichung nennen, die Verwirklichung dieses bildlichen Doppelgängers anstelle der Intensivierung unserer eigenen Bewußtseinswirklichkeit vorantreibt.

Offenbar kann sich der unbildliche Bewußtseinsstrom in unterschiedlichen Bildern zur Darstellung bringen, die als Selbstbild oder Begegnung mit einem anderen gedeutet werden. Folgt man diesem Modell, dann leben wir zur Zeit in einer Kultur, die das Grundmuster, aus dem die Begegnung mit dem Engel aufsteigt, dem eigenen Ich zurechnen möchte. Erst in den Momenten der Gefährdung des eigenen Ich erhält dieses Bild wieder einen anderen Akzent.

Zu 4. Die *Erfahrung von Glück:* Nahtodeserfahrungen werden ganz überwiegend als angenehm empfunden. Nur in etwa 10% der Fälle kommt es zu unangenehmen Erlebnissen, z.B. „Teufelsvisionen". Die angenehmen Empfindungen lassen sich als Rebound, als überschießende Reaktion auf unangenehme Schmerzempfindungen verstehen. Um schmerzhafte somatosensible Wahrnehmungen zu unterdrücken, aktiviert das Nervensystem absteigende Bahnen, die hemmend auf die ankommenden Körperimpulse wirken. Die Transmitter in diesem

System sind opiatähnlich und werden als Endorphine und Enkephaline bezeichnet.

Die naturwissenschaftliche Deutung der Nahtoderfahrungen schließt aus, daß es sich um unmittelbare Berichte aus dem Jenseits handelt. Man könnte sich höchstens auf die Position zurückziehen, daß das Gehirn in Krisensituationen empfänglicher für tiefere Wahrheiten ist, so wie Dostojewskij einmal äußerte, daß es durchaus das kranke Gehirn sein könne, welches der Wahrheit näher sei.

Festzuhalten ist, daß die Nahtoderfahrung einen Menschen zutiefst verändern kann. Offenbar kann sich in der Belastungs- und Krisensituation ein neuer Attraktor im Nervensystem herausbilden, der das Gefühl vermittelt, auch in den extremsten Situationen höchster Gefahr zur Verfügung zu stehen. Es ist keine Frage, daß ein derartiger Attraktor für Kulturbildungen gerne herangezogen wird in einer Menschheitsgeschichte, die immer von allgemeinen Gefahren und Katastrophen sowie von individuellem Tod heimgesucht wird.

Ist damit nun das Phänomen der Nahtoderfahrungen entmystifiziert? Ja und nein. Einerseits können sie nicht als Beleg für eine sichere Jenseitserfahrung herangezogen werden, andererseits belegen sie die Absicherungsmöglichkeit menschlicher Existenz in einer tieferen Erfahrung. Das Wort Mystik kommt von „myein", welches „sich verschließen" bedeutet. Der neue Attraktor, der sich in der glückhaften Stabilisierung der Nahtoderfahrung einstellt, kann durch den Zugriff des Sprechens zerredet werden. Mystiker haben deswegen immer dazu geneigt, ihre tiefsten Erfahrungen im verborgenen zu halten. Heute ist die Esoterik exoterisch und bedient sich der naturwissenschaftlichen Explikationsmechanismen. Doch weiterhin gibt es Menschen, die mit ihrem „Glücksattraktor" behutsam umgehen und von ihm ausgehend die Welt deuten und gestalten möchten, wohl wissend, daß solch ein Attraktor auch unter ähnlichen Extremerfahrungen nicht einfach bei jedem hervorgerufen werden kann. Sie gehen daher nicht dogmatisch und belehrend mit ihm um. Sie erwarten aber auch zu Recht, daß man ihnen ihren mystisch verschlossenen Arm nicht entreißen möchte. Besitzen sie doch einen kostbaren Attraktor, den eine kühle, ichbezogene Erkenntnistheorie oft auch bei großen Mühen und großer Strenge nicht für sich erzeugen kann.

4. Sprache, Hemisphärendominanz und Linkshänder

4.1 Die Sprache

Als der französische Chirurg und Anthropologe Paul Broca 1861 das Gehirn von Paul Leborgne, der eine Weile zuvor einen Schlaganfall erlitten hatte, sezierte, war das Ergebnis eine Sensation. Herr Leborgne konnte nach seinem Schlaganfall nur noch die Silbe „tan-tan" stammeln. Er litt an einem Verlust der Fähigkeit zu sprechen. Bei der Sektion war nun Auskunft über den Sitz des Sprachzentrums zu erwarten. Es stellte sich heraus, daß die Hirnerweichung, die mit dem Schlaganfall einhergegangen war, sich auf einen Bereich der linken Hirnhälfte beschränkte. Paul Broca folgerte aus der Zerstörung des Fußes der untersten Stirnwindung, daß dort das später nach ihm benannte motorische Sprachzentrum lokalisiert sein muß. Die asymmetrische Funktionslokalisation erregte ungläubiges Erstaunen. Sprache war also auf eine Hirnhälfte beschränkt! In Brocas Fall handelte es sich um einen Ausfall der Sprachproduktionen, die Broca als *motorische Aphasie* bezeichnete. Die neurologische Forschung hatte hier einen Weg beschritten, bei dem sprachliche Funktionen in Beziehung zu motorischen Leistungen gesehen wurden. Konsequenterweise beschrieb der Neurologe Carl Wernicke Fälle von „sensorischer Aphasie", bei denen die Schädigung in einem der Hörbahn nahegelegenen Zentrum lag. Die Zweiteilung in sensorische und motorische Aphasie war damit vollzogen.

Eine theoretische Integration suchte Finkelnburg, der das Konzept der Asymbolie entwickelte und Zeichen der Störung im Bereich des Erkennens von Münzen, Flaggen usw. beschrieb. Gegen dieses Konzept wandte sich Wernicke, da er meinte, daß eine allgemeine Zeichenstörung kein isolierbares Syndrom sei, sondern einer Demenz gleichkäme. In dieser Diskussion brachte der spätere Begründer der Psychoanalyse Sigmund Freud während seiner neurologischen Tätigkeit mit seiner Schrift über die Aphasien eine Differenzierung in die Asymbolien, indem er von der Aphasie die Agnosie, die Störung der Gegenstandserkennung, abgrenzte. Auf der motorischen Seite korrespondierte hierzu die Beschreibung der Apraxie, die Anfang des 20. Jahrhunderts erfolgte.

Sigmund Freud hatte in seiner Schrift über die Aphasien die Grenzen der Lokalisationslehre aufgewiesen, da er zeigen konnte, daß das komplexe Gefüge der Funktionen, so wie es in der begrifflichen Darstellung erfaßt wird, nicht auf eine zweidimensional konzipierte Landkarte des Cortex projiziert werden kann. Diese Überlegungen waren die Voraussetzungen für eine mehrdimensionale Betrachtung der Psyche gewesen. Heute besteht die Gelegenheit, die Funktionsdynamik des Gehirns mittels der bildgebenden Verfahren in ihrer Dreidimensionalität darzustellen und auf diese Weise einen Kritikaspekt Freuds an der Lokalisationslehre aufzufangen.

Will man Sprache lokalisieren, so hängt dabei vieles von dem verwendeten Begriff von Sprache ab. Rechnet man Witz, Ironie sowie Dimensionen der Gesprächsführung wie Themenänderung und ähnliches zur Sprache, dann muß man feststellen, daß Sprache auch eine rechtshemisphärische Funktion ist.

Die im linguistischen Sinne sprachlichen Funktionen der rechten Hemisphäre sind sicherlich unzureichend. Von den Phonemen werden in erster Linie Vokale erkannt, und die grammatische Leistung geht über „Einwortsätze" kaum hinaus. Es ist von daher verständlich, daß ein Großteil der kognitiven Leistungen als ein Prozeß gedeutet werden kann, bei dem kognitive Analysen und Konzepte der rechten Hirnhälfte zur Versprachlichung in die linke Hirnhälfte überwiesen werden.

Die bildgebenden Verfahren zeigen immer mehr, daß auch das innere Sprechen an die Aktivierung phonologischer Zentren gebunden ist. Auch die Verwendung primär nicht phonetischer Schriften, wie der chinesischen, erfolgt in erheblichem Maße durch an Lautbildung orientierte Zentren der linken Hirnhälfte. Insofern kann man sagen, daß der „Logos" eine wesentliche Orientierung der Funktionen für das Gehirn liefert. Schaut man in die Evolutionsgeschichte, so zeigt sich, daß jene Hirnregion, die für das motorische Sprachzentrum beim Menschen reserviert ist, bei den Makakken für die Imitation sozialer Verhaltensweisen verantwortlich ist.

Der Entwicklung der Sprache kommt in der Evolution eine besondere Bedeutung zu, schließlich ermöglichte sie auch die Bildung größerer Gemeinwesen, als dies bei den Primaten der Fall war, die mit der Technik des Körperkontakts im allgemeinen nur Gruppen von bis zu 50 Individuen stabilisieren konnten, während die menschliche Sprache Gruppierungen von bis zu 200 Menschen unmittelbar organisieren kann.

Auch wenn man die Hirnfunktion auf neuronaler Ebene als „subsymbolisch" deutet, so geht von den Sprachzentren doch eine stark organisierende Kraft aus.

Die Verteilung der Sprachfunktionen ist im Hinblick auf die Hemisphärenverteilung bei den Geschlechtern unterschiedlich strukturiert. Dabei gilt nicht einfach, daß das weibliche Geschlecht stärker bilateral und das männliche Geschlecht stärker nach links lateralisiert sind, sondern daß beim weiblichen Geschlecht eine größere Flexibilität und Variabilität hinsichtlich der Lateralisationsmöglichkeiten besteht.

4.2 Die rechte und die linke Hirnhälfte

4.2.1 Der biologische Lösungsversuch zum Gödelproblem

Der menschliche Organismus ist durch eine spiegelbildliche Doppelungsstruktur charakterisiert. Viele Organe sind doppelt angelegt, und auch ein scheinbar nur einmal vorkommendes Organ wie das Rückenmark zeigt in sich eine Doppelung der Leitungsbahnen. Eine Doppelung liegt nicht erst in den Halbkugeln des Großhirns vor, sondern wird hier nur augenfälliger, da die Zweiheitsstruktur auseinandergetreten ist.

Die beiden Hirnhälften sind durch ein Fasersystem verbunden, welches mit seinen 200 Millionen Neuriten nur einen Bruchteil der Zigmilliarden Zellen in den beiden Hirnhälften miteinander in unmittelbaren Kontakt bringen kann. In einem bestimmten Sinne kann man sagen, daß die beiden

Hirnhälften einen Zustand zwischen Trennung und einheitlicher Verarbeitung eingegangen sind.

Ich schlage vor, diesen Zwischenzustand als ein biologisches Angebot zur Lösung des Gödelproblems zu werten. Unter dem Gödelproblem versteht man die Tatsache, daß innerhalb eines arithmetischen Systems über dieses keine Entscheidung getroffen werden kann, sondern daß eine Entscheidung hierüber das System erweitern würde. Möglicherweise ist in der dualen Biologie des Gehirns die Lebensweisheit verborgen, daß der Widerspruch, der dadurch entsteht, daß ein System in sich über sich als Ganzes befindet, durch eine „unentschiedene" Abtrennung der Ganzheitsvorstellungen in seiner Schärfe gemildert werden kann. Das Problem des menschlichen Lebens besteht dann darin, mit diesen Abtrennungen umzugehen und zwischen völliger Abspaltung und Integration des Widersprüchlichen den eigenen Weg zu finden, der nach dem vorgeschlagenen Konzept von Vernunft und Bewußtsein im Aushalten der bewußten Spannung natürlich seine differenzierteste Version finden würde.

4.2.2 Spiegelbildliche Mitbewegungen

Die beklagte Dualität des menschlichen Nervensystems kommt bei einigen pathologischen, aber auch bei einigen normalen und dennoch störenden Mechanismen zum Ausdruck, so zum Beispiel bei den spiegelbildlichen Mitbewegungen, den „Mirror movements". Aktivieren wir die Fingermuskulatur einer Hand, so kommt es – für das Auge gewöhnlich unsichtbar – zu einer leichten Mitaktivierung der Muskeln der anderen Hand aufgrund der spiegelbildlichen Strukturen im Nervensystem, die insbesondere im Falle von Erkrankungen oder auch von Überaktivierungen nicht immer vermieden werden können. Diese zumeist unsichtbaren Mitaktivierungen können durch Muskelstrommessung sichtbar gemacht werden und können bei mit Halbseitenlähmung einhergehenden Schlaganfällen auch zur Aktivierung der gelähmten Körperseite eingesetzt werden. Solche spiegelbildlichen Mitbewegungen können z.B. bei einem Polizei-Einsatz von tiefgreifender Bedeutung sein, wenn ein Polizist in der einen Hand die entsicherte Pistole hält und mit der anderen Hand eine Türklinke öffnet.

Die Greifbewegung des Türklinkenöffnens kann zu einer leichten Kontraktionsbewegung an der Pistolenhand führen und auf diese Weise zu dem nicht seltenen Geschehen einer Schußauslösung in Aufregungssituationen führen. Es handelt sich dabei also nicht einfach – wie oft vermutet – um lediglich tiefenpsychologische, sondern bisweilen einfach um mit der Dualität des Nervensystems zusammenhängende neurophysiologisch-neuropsychologische Mechanismen.

Bilaterale Mechanismen sind in der rumpfnahen Muskulatur noch stärker ausgeprägt als in der rumpffernen Muskulatur der kleinen Handmuskeln. Hier findet sich auch ein großer Anteil motorischer Nervenfasern, welche nicht von einer Hirnseite auf die andere Körperseite kreuzen. Rumpfbewegungen sind daher einheitlicher und nicht so distanziert konzipierbar wie Fingerbewegungen. Im Falle des Ausfalls von Sprachzentren kann es vorkommen, daß Körperkommandos, die den Rumpf betreffen („Drehen Sie sich bitte einmal um!") noch verstanden werden, während Aufforderungen für die rumpfferne Fingermuskulatur auch mit der nicht gelähmten Hand („Drücken Sie bitte die Hand!") nicht mehr verstanden und durchgeführt werden können.

4.2.3 Evolutionäre Aspekte

Eine grundlegende systemtheoretische Betrachtung der Dualität der Großhirnhemisphäre müßte die Perspektiven der Evolutionsbiologie miteinbeziehen. Hier seien nur zwei Extrembeispiele genannt: Die Hühner und der Tintenfisch.

Bei den Hühnern findet sich bereits in der Kükenphase im Ei eine funktionelle Spezialisierung der Hirnhälften, da der Hühner-Embryo im Ei den Kopf so gewendet hält, daß das durch die Kalkschale schimmernde Licht nur das rechte Auge erreichen kann, während das linke Auge abgedeckt ist. Da sich beim Huhn die Sehfelder der beiden Augen nur gering überschneiden, kommt es zu einer weitgehenden Spezialisierung der Hirnhälften. Für Feindeinschätzungen benutzt die erwachsene Henne eher das rechte Auge.

Das Nervensystem des Tintenfisches stellt eine interessante Kontrastmatrix zur bilateralen Organisation des menschlichen Nervensystems dar. Beim Tintenfisch findet sich keine duale Organisation des Nervensystems, und Geschlechtsfunktionen, die beim Menschen dem Mittelliniensystem des Rumpfes zugeordnet sind, finden sich beim Tintenfisch auf der Peripherie der Tentakel lokalisiert.

Man wird der Eigentümlichkeit des Menschen nicht gerecht, wenn man nicht herausstellt, in welch extremen Maße es zu einer Konvergenz und Mehrfachverarbeitung von Informationen im Gehirn kommen kann, welche aufgrund der Struktur und Quantität der „Abbildungs"-Schichten die Bauplaneigenschaften der Peripherie nicht unmittelbar widerspiegeln muß.

4.3 Der umerzogene Linkshänder

In bin der Ansicht, daß die weitere Evolution des Menschen in erheblichem Maße davon abhängt, inwieweit er neue Muster im Zusammenspiel der Hirnhälften findet. Besonders ausgeprägte Variationen des Hemisphärendominanzmusters finden sich bei Linkshändern. In diesem Sinne könnte man etwas verkürzt und salopp formulieren, daß die neue Evolutionsstufe des Menschen im Linkshänder liegt oder sich in ihm zumindest ankündigt. Die Lokalisation der Sprache ist mit jener der Händigkeit in einem gewissen Maße gekoppelt, beim Linkshänder jedoch weniger als beim Rechtshänder. Zum Teil liegt dies auch an Umerziehungsmaßnahmen. Die große Variation der Lokalisation der Sprachzentren beim Linkshänder stellt ein Kreativitätspotential dar, kann aber auch Ursprung von psychischen Leiden wie Stottern und Neurose sein.

Organisationen von umerzogenen Linkshändern weisen darauf hin, daß sie durch die Umerziehung ein gestörtes Verhältnis zu sich selber und zum Handeln gewonnen hätten. Es ist eine tiefgreifende Erfahrung, als Kind hören zu müssen, daß man alles verkehrt herum macht. Dies führt zu einem beschwerlichen und oft hinderlichen Prozeß der Selbstfindung, der oft erst nach einem langen Lebensweg zu ausreichendem Mut zu sich selber führt. Die eigentliche Individualität liegt nicht darin, Ich sagen zu können oder sich auf sein Selbst beziehen zu können, sondern darin, die Besonderheiten der Persönlichkeit, die auch durch neurologisch faßbare Parameter charakterisierbar sind, voll zur Entfaltung bringen zu dürfen. Die Respektierung der Singularität eines Menschen auch hinsichtlich solcher Dimensionen, die durch die Neuropsychologie beschreibbar sind, stellt keine Entwürdigung seiner Einzigartigkeit dar, sondern kann den Respekt vor dieser fördern. Außerdem kann man verhindern helfen, daß einem abstrakten Individualitätsbegriff im Endeffekt genauso universelle Gene herstellend unterlegt werden, wie dies in der Universalität ideologischer Selbstkonzepte angelegt ist.

Noch hat sich die Respektierung der variablen Händigkeit in den Kulturen nicht durchgesetzt. Mütter achten beim Füttern der Kinder auf das „richtige" Händchen. Die neuropsychologischen Statistiken über die demographische Häufigkeit von Linkshändigkeit zeigen zwischen den Kulturen erhebliche Unterschiede. In Nordamerika werden bis zu 12% der Bevölkerung als Linkshänder eingestuft, in der Bundesrepublik Deutschland 10%, in islamischen Ländern 1%. Alles spricht dafür, daß dies nicht Ausdruck genetischer Unterschiede ist, sondern in Beziehung zur Toleranz gegenüber Abweichungen in diesen Kulturen steht. Umerzogene und nichtumerzogene Linkshänder stehen beide für Kreativität, die Umerzogenen allerdings auch für ein tieferes Erlebnis von schwierigen Hirnprozessen. Ob die kreative Verwertung von schwierigen Hirnprozessen der Kultur immer förderlich war oder – wie im Fall des Doppelgängererlebnisses des vermutlich umerzogenen Linkshänders Goethe – die Kultur nicht auch unnötig mit Hemmungen und Doppelungen belastet hat, ist eine noch offene, aber wichtige Frage für die Forschung. Das Beispiel der immer noch praktizierten Umerziehung von Linkshändern zeigt, daß Individualität immer noch weniger als Zeichen zur Eröffnung eines Möglichkeitsraumes verstanden wird. Individualität ist nicht auf der Meta-Ebene der Rede von Individualität angesiedelt.

4.4 Individualität und Persönlichkeit

Die Singularität, die Einzigartigkeit eines menschlichen Individuums wird nicht schon dadurch eingefangen, daß man es als ein Ich oder als ein Subjekt ansieht. In der Ich-Rede kann etwas Gleichmacherisches liegen, so als ob das Besondere eines jeden sein würde, daß er sich selber auf sein Ich beziehen kann. Dies ist vielmehr etwas Allgemeines, das Teil der wesentlichen Voraussetzung der Gestaltung von individueller Persönlichkeit ist, aber eben nur ein Teil.

Freiheit gestaltet sich nicht nur über die Ich-Rede, sondern kann sich manchmal gerade erst in der Respektierung der „naturgegebenen" Eigenschaften, Besonderheiten und Talente entfalten. Die Entscheidung zu diesem Entfaltungsprozeß muß nicht immer über die explizite Anrufung des Ich erfolgen, sondern kann sich auch so gestalten, daß man sich bei der Lebensplanung z. B. von der Faszination des Klaviers als Instrument leiten läßt. Würde jede musikalische Handlung auf ein bewußtes Ich-Referenzzentrum zurückgeführt werden, dann müßten die Sechzehntel-Noten aus der Musikliteratur gestrichen werden, da sie zu schnell aufeinanderfolgen, als daß zwischen ihnen noch ein reflexiver Akt einen Ort finden könnte. Der Solist, der bei einem Bühnenauftritt über sich selber nachdenkt, läuft Gefahr, die Passagen durcheinanderzubringen. Viele Handlungen gelingen nur unter der Bedingung der Möglichkeit, daß ich *nicht* an mich selber denke.

Gegen philosophische Irreführungen sollte dies klar herausgestellt werden: Es gibt Handlungen, für deren Vollzug es Bedingung ist, daß sie nicht vom „Ich denke" begleitet werden. Natürlich steht es dem Pianisten frei, mitten in der Aufführung der Toccata sein Berufsziel ändern zu wollen. Doch selbst dabei wird er eher von der verlockenden Alternative

(z. B. Reiseleiter in der Toskana) oder von seiner unzureichenden Fingerfertigkeit geleitet gewesen sein, als von dem „Ich denke", das nach Kant alle unsere Handlungen begleiten können muß. Für eine freie Entscheidung ist dies nicht erforderlich und in vielen Fällen sogar hinderlich, es sei denn, es handelt sich um Gedanken, die sich allein im Haus der Philosophie aufhalten wollen.

In diesen Überlegungen soll nun nicht die Philosophie, die in der Tradition des kartesianischen „Cogito ergo sum" steht mit ihrer Betonung des „Ich denke" zurückgewiesen werden, sondern ihre Besonderheit verdeutlicht werden, die darin liegt, daß ihr Formalismus nicht einfach in lebenspraktische Hilfen übersetzt werden kann oder ein Algorithmus zur Gewinnung von Lebenseinsicht und Lebensweisheit wäre. Die Stärke dieser philosophischen Tradition liegt vielmehr darin, daß sie mit dem „Ich denke" eine zwar unvollständige und unzureichende, aber doch leicht handhabbare Signatur für das Vorhandensein eines Menschen mit seiner Individualität geliefert hat. Dann, wenn man rational über Menschen zu entscheiden hat, kann eine rational leicht faßbare Formel des Menschseins von Vorteil sein.

Wir wollen hier also nicht die Unzureichendheit dieser Formel (z. B. für jene, die nach einer Hirnverletzung nicht über sich selber nachdenken können) herausstellen, sondern betonen, welche große Rolle sie bei der, wenn nicht emotionalen, so doch rechtlichen Anerkennung von Menschen gespielt hat, welcher die lebensweltlich gefühlsmäßige Respektierung und gar Zuneigung dann auch manchmal eher folgen kann.

Der Aufbau der Menschenrechte auf der Tradition des „Ich denke" macht die rechtliche Bewertung von Menschen mit individuellen Handicaps im Bereich von Denken und Kognition und anderen neuropsychologischen Leistungen zu einer besonders wichtigen Aufgabe. Die im „Cogito ergo sum" gedachte formale Gleichheit der Menschen war als Idee ein starker Motor für die Entwicklung des Gleichheitsgedankens, der als Rechtsgedanke natürlich noch nichts über die biologische Besonderheit verschiedener Individuen aussagen konnte.

Würde man der Ansicht sein, daß angesichts der rechtlichen Gleichheit der Menschen auch die biologisch-psychologische Gleichheit einklagbar sei, dann hätte man darauf zu achten, daß alle auf die Welt kommenden Menschen von ihrer genetischen Ausstattung her eine Chancengleichheit für die soziale Verwirklichung besitzen. Es ist wahrscheinlich, daß in Zukunft entsprechende Prozesse mit hohen Schadenersatzsummen zur reproduktionsmedizinischen Verwirklichung genetischer Chancengleichheit geführt werden. Die gegenwärtige Gesellschaft weist bereits genügend biologische Deutungen des Rechts auf Gleichheit auf, die als Vorläufer auf dem Wege zur Biologisierung bzw. Neuropsychologisierung der Rechte auf Freiheit und Gleichheit gewertet werden können.

Es ist abzusehen, daß der Begriff des Individuums in nicht allzu ferner Zeit nicht mehr unhinterfragbarer Ausgangspunkt für Überlegungen von Gerechtigkeit und Gleichheit sein wird, sondern selbst auf einer Ebene genetischer und neuronaler Komponenten dem Gerechtigkeitsbegriff unterzogen wird. Dann allerdings wohl nicht in dem alten Sinne Anaximanders, der mit dem Gedanken allgemeiner Gerechtigkeit ein Eingedenken der Vergänglichkeit der Dinge heraufbeschwören wollte. Vielmehr wird die biologische Ausstattung des Individuums zum einklagbaren Rechtsgut werden.

Wer mit der Schriftsprache nicht gut umgehen kann, kann später dennoch ein guter Chirurg oder Architekt werden. Dies belegen statistische Untersuchungen. Würde man Schülern, die über eine Schreib- und Leseschwäche (Legasthenie) verfügen, schlechte Ergebnisse in einem Lesefach voll anrechnen, so würde man die Gesellschaft unter Umständen um hervorragende Techniker und einzelne Individuen um die volle Entfaltung ihrer besonderen Talente bringen. Mit guten Gründen wird hier im Hinblick auf soziale Gerechtigkeit mit den Eigenschaften eines Individuums so umgegangen, als ob es nicht nur rechtlich, sondern auch biologisch als gleich mit anderen anzusehen wäre.

Diesen Weg halte ich für sinnvoll, aber für bisher unvollständig begangen. Denn was ist mit all jenen, bei denen die individuelle Hemisphärendominanz nicht die rechnerisch konstruktiven Leistungen befördert, sondern im umgekehrten Fall eher die linkshemisphärischen sprachlich literarischen Produktionen? So, wie die Legasthenie eher ein linkshemisphärisches Defizit ist, das sehr häufig mit besonders hohen Leistungen der rechten Hirnhälfte korreliert, ja gerade deswegen manchmal zu einer Minderleistung linkshemisphärischer Funktionen führt, so gibt es auch Minderfunktionen rechtshemisphärischer Leistungen (Rechnen, Verhalten), die oft nicht nur Korrelat, sondern Ermöglichungsgrund hoher linkshemisphärisch sprachlicher Hirnleistungen sind. Konsequenterweise müßten Lehrer also angehalten werden, Minderleistungen in Mathematik und Verhalten dem Schüler durchgehen zu lassen, da sie ja ähnlich wie bei der Legasthenie mit einer Funktionsbesonderheit des Hemisphärenzusammenspiels zusammenhängen, in diesem Fall nur umgekehrt hinsichtlich der Seitenbetonung.

Hier müßte man noch weitergehen, man dürfte Leistungseinbrüche überhaupt nicht zur Kenntnis nehmen, weil das Vorhandensein nur einer einzigen Begabung für eine berufliche Spitzenleistung ja ausreichend sein kann. Und wie ist es, wenn die Leistungseinbußen sich auf alle Talente beziehen? Muß die Gesellschaft dann nicht auch Rücksicht nehmen, da es sich hier ebenfalls um eine möglicherweise anlagebedingte Hirneigenschaft handeln kann? Würde das bereits vorhandene Argumentationsgeflecht weitergesponnen werden, so wäre es in der Tat kein weiter Schritt zum Einklagen von Schadenersatz für nicht vorhandene biologische Eigenschaften.

Lassen wir uns auf die Fragen nach dem Menschen ein, die mit der Hirnforschung verbunden sind, so können wir einige Überraschungen erleben. Wie gehen wir damit um, daß die Hirnforschung uns Dinge über uns erzählen kann, die nicht nur unseren Bewußtseinshorizont erweitern, sondern mit unseren Alltagserfahrungen zum Teil in Widerspruch stehen?

Annahmen über unsere unverrückbare Identität hatte bereits die Tiefenpsychologie ins Wanken gebracht. Die Hirnforschung macht jedoch nicht einfach einen zusätzlichen dunklen

Raum, eine Art Keller, für das Unterbewußte auf, sondern zeigt eine neuartige Architektur, die wir aus dem bisherigen Städtebau nicht kennen. Diese Architektur ändert sich mit der Benutzung, so daß bisweilen ein Zimmer auch völlig geschlossen wird. Im Gehirn kann die Apoptose, das Absterben ganzer Nervenzellen, nach Nichtbenutzung auftreten. Damit muß für den betreffenden Menschen der Zugang zu einer bestimmten Information nicht unwiederbringlich verloren sein. Möglicherweise tritt sie dann aber in neue Kontexte ein. Der Mensch kann sich neu entwerfen, steht aber in der Gefahr, daß alte Muster sich wieder durchsetzen. In diesem Sinne ist das Gehirn ein biographisches Organ, auch wenn die betreffende Person sich nicht für Biographien und nicht einmal für die eigene interessiert. Das Gehirn stellt genügend Merkzeichen und Muster zur Verfügung, mit denen wir es im Denken verändern.

Der Versuch, eine Veränderung herbeizuführen, ist selber schon ein Eingriff in das kognitive Muster. Die Geschichte des Individuums läßt sich in der Hirnrinde jedoch nicht ablesen wie die Jahre in den Ringen eines Baumes. Doch dieses macht das Denken aus, daß es auch solche Formen der Schichtung versucht. In steter Rückkopplung auf die dynamischen Prozesse gelingt es dem Menschen in der Erinnerung, in seinem Gehirn mehr als die Mathematik des Wetters zu erzeugen. Im Erinnern und Rückwirken werden die Informationen kognitiver Hirnaktivität umgeformt. Der Mensch erzeugt dabei zwar stets neue dynamische Gebilde, bestärkt dabei jedoch auch stattgehabte. Der Wechsel der Gedanken wird durch mehr als die Differentialgeometrie der Katastrophentheorie bestimmt: Nachdenken über erinnerte Strukturen benutzt zugleich in wechselndem Maß auch immer jene Muster, aus denen es herausfällt.

Das Denken begann wie der erste Schritt der Pseudopodien des Einzellers: Jeder Schritt zieht einen weiteren nach sich. Das Denken geschieht nicht aus einem Einheitspunkt. Es ist eher auf der Suche nach diesem. Heidegger stellte die Frage „Was heißt denken?" mit seiner unvergleichlichen Methode des Doppelsinns. Die Frage scheint zunächst harmlos auf eine Definition des Denkens abzuzielen, entfaltet sich aber dann zum Erstaunen darüber, daß uns etwas denken „heißt", d.h. uns zum Denken auffordert. Bei Heidegger ist es das „Ereignis", aus dem Zeit und Sein ihren Ursprung nehmen. An sich liegt dieser Gedanke der Hirnforschung nicht fern, die mittlerweile erkennt, daß tiefgreifende Erlebnisse und Traumen durch die Irritation, insbesondere im rechten Temporallappen, in ihren ungewöhnlichen energetischen Konstellationen ständiger Anlaß zur Reflexion und praktisch Ursprung des inneren Monologs sind, der das denkende Leben des Menschen bestimmt. Unter glücklichen Umständen kann dies in einer großen Gelassenheit geschehen, so daß etwas uns nicht denken heißt, sondern denken läßt.

Nicht immer ist jedoch die Distanz zum Ereignis, zum besonderen Erlebnis und zum Trauma gegeben. In vielen Fällen kann sich Denken der Alltagsarbeit gar nicht mal auf das grundlegende Erleben einlassen, sondern muß von diesem abstrahieren. Auch dies gehört zum Schicksal des Menschen und manchmal muß man sich fragen, ob die Unterscheidung von Arbeitsalltag, Feierabend und Wochenende nicht grundlegend dafür ist, welche Art von Kognitionsmustern der Mensch in seinem Gehirn überlagert und trennt. Bereits jetzt zeigen die Hirnforschungslabors, daß das Denken viel mehr Bereiche und individuelle Entfaltungen aufweisen kann, als dies mit den von der Straße aufgelesenen oder den deduktiv hergeleiteten Kategorien bisheriger Denktheorien den Anschein hat.

Immer mehr weisen sie Besonderheiten der Individualität in der Hirnforschung auf, und möglicherweise werden die allgemeinen Gesetze, die dabei herausgestellt werden können, Gesetze der Individuation sein. Dabei zeichnet sich ab, daß das Individuum am besten dann zu seiner Entfaltung kommt, wenn es eine besondere Haltung annimmt, diese akzeptiert und mit diesen seine einzigartigen kognitiven Chancen wahrnimmt. Die Gesellschaft benötigt die Vielfalt individueller Gehirne, selbst die übermäßige Ängstlichkeit mancher Individuen, die diese zur Behandlung treibt, kann für die Gesellschaft ein Gewinn sein, wenn Angst als Warnsignal die Kultur mit Zurückhaltung bereichert.

4.5 Altersprozesse

Beim Neugeborenen ist die Bildung von Neuronen nicht völlig abgeschlossen. Die neu ablaufenden Reifungs- und Differenzierungsprozesse betreffen jedoch in erster Linie die Ausbildung von Verbindungen zwischen den Nervenzellen, wobei weniger beanspruchte Nervenzellen sogar verlorengehen können. Prinzipiell ist es nicht ausgeschlossen, daß auch beim Erwachsenen noch Nervenzellen neu gebildet werden. Es ist nachgewiesen, daß bei Singvögeln sich in den Jahreszeiten, in denen sie singen, zusätzliche Neuronen entwickeln. Beim Menschen wird so etwas auch für epileptisches Narbengewebe diskutiert. Das menschliche Gehirn erbringt seine wesentlichen Leistungen nicht durch Entwicklung zusätzlicher Nervenzellen, sondern durch Ausbildung neuer Verknüpfungen und Differenzierung der synaptischen Gewichtungen (der Bahnungen). In den ersten Lebensjahren gehen Nervenzellen, die wenig benutzt werden, zugrunde. Der Verlust von Nervenzellen in späteren Lebensjahren (ab dem 40. Lebensjahr) muß nicht als Einbuße für die Hirnleistung verstanden werden. Man kann die Umorganisation als Superzeichenbildung mit Redundanzverminderung oder auch einfach als Konzentration auf das Wesentliche verstehen.

Anders ist es bei der Alzheimerschen Erkrankung, bei der Eiweißablagerungen zu einem Funktionsverlust der Zelle führen können. Bereits 30 Jahre vor Ausbruch der Krankheit sind entsprechende Ablagerungen in den Zellen des Gehirns nachweisbar. Die Funktionsstörungen betreffen nicht nur das Gedächtnis, die erste von Alzheimer beschriebene Patientin wies als erste Besonderheit eine extreme Eifersucht auf.

5. Methoden

5.1 Zur Geschichte

Das Phänomen der Elektrizität selber wurde ursprünglich von Galvani am Beispiel der elektrischen Eigenschaften biologischer Organismen entdeckt. Galvani hatte beobachtet, daß der an einem Metallgitter befestigte Froschschenkel aufgrund der Zusammensetzung der Metalle zu Muskelzuckungen veranlaßt werden kann. Das nach ihm benannte Galvanometer war zur Messung von Muskel- und Nervenströmen geeignet. Damit war die Grundlage für die Neurophysiologie gelegt.

Die Forscher Fritsch und Hitzig gingen 1870 auf Schlachtfelder, um bei Soldaten mit offenen Schädelhirnverletzungen elektrische Reizungen der Hirnrinde durchzuführen. Sie konnten mit dieser Technik die Existenz einer motorischen Hirnrinde nachweisen. Erst in den 40er Jahren des 20. Jahrhunderts, als man Hirnverletzten medizinisch besser helfen konnte, ließen sich diese Beobachtungen weiter differenzieren. Der kanadische Neurochirurg Wilder Penfield führte Hirnoperationen durch, bei denen durch elektrische Reizung der Hirnrinde eine genaue Kartierung der Felder für Körperbewegung und Körperfühlen durchgeführt wurde. Penfield war in der Lage, mit dieser Technik auch die für die Sprache wichtigen Zentren des Gehirns zu bestimmen. Heute werden bereits Elektrodengruppen mit zahlreichen Elektroden auf der Hirnoberfläche angebracht, um Funktionsbestimmungen durchzuführen.

5.2 Allgemeines

Um die Hirnforschung gruppieren sich eine Vielfalt von Methoden, die sich sehr eigenständig im Rahmen der Forschung entwickelt haben, aber dennoch einige deutliche Bezüge zu Grunddisziplinen wie Biochemie, Physik, Kognitionswissenschaft und Psychologie aufweisen. Zum Teil sind integrative Wissenschaften wie die Kognitionswissenschaft unter Einbeziehung der Hirnforschung zu ihren Erfolgen gekommen. Für die klinische Praxis, aber auch für die Forschung spielen die elektrophysiologischen Techniken, die bildgebenden Verfahren und die neuropsychologischen Untersuchungsmethoden eine hervorragende Rolle.

Bei dem Versuch, Denken, Fühlen und Hirnprozesse miteinander in Beziehung zu setzen, muß man sehr genau darauf achten, welchen Aspekt der Hirnprozesse man überhaupt im Blick hat. Geht man vom alten Geist-Materie-Dualismus aus, so muß man sich klarmachen, daß mit den verschiedenen Methoden sehr unterschiedliche Aspekte des Gehirns erfaßt werden und daß die Frage der Klärung des Zusammenhangs von Kognition und Gehirnprozeß auch im wesentlichen davon abhängt, welchen Aspekt der Hirnprozesse man in Beziehung bringt. Berücksichtigt man die Einbeziehung informationstheoretischer Ansätze und begibt sich auf die Modellebene, so erscheint es bisweilen naheliegender, das Gehirn als ein geistiges, denn als ein materielles Organ zu betrachten. So war Hans Berger, der Entdecker der Alpha-Wellen des EEG, auch von der Idee angetan, daß mit der Messung der Energiedimensionen des Gehirns die Energiedimensionen der Psyche zugleich erfaßt werden könnten. Bereits die Begriffe von Information und Energie eröffnen einen ganzen Kosmos physikalischer, informationstheoretischer Zusammenhänge von höchster Komplexität, welcher die Dualität von Geist und Materie sehr schnell als ein vereinfachendes Schema erscheinen läßt. Um die Grundlagen für eine Diskussion des Zusammenhangs von Geist und Materie, Leib und Seele, Hirn und Seele usw. zu klären, ist es geraten, die Methoden der Neurowissenschaften eingehender zu charakterisieren.

5.3 Elektrophysiologie

5.3.1 Hirnstrommessung

Eine wichtige Technik zur Erfassung der Globalaktivität des Gehirns stellt die Abgreifung von Spannungsdifferenzen von der Kopfhaut, von der Hirnrinde oder aus der Tiefe des Gehirns selber dar. Die nichtinvasive Technik des von der Kopfhaut abgeleiteten EEG's zeigt die zeitlichen und spannungsbezogenen Verhaltensweisen der Hirnströme, die bei dieser Ableitetechnik als Summenpotential die Aktivität feiner Neuronenverästelungen (Dendriten) erfaßt werden. Bei geschlossenen Augen in Entspannung findet sich ein Alpha-Grundrhythmus zwischen 8 und 12 Schwingungen pro Sekunde, der beim Augenöffnen desynchronisiert wird. Dieser Verlust an Synchronisation im Alpha-Bereich geht auf eine Aktivierung der Formatio reticularis, einem aufsteigenden Aktivierungssystem im Hirnstamm, zurück.

Aufmerksamkeit, Konzentration und kognitiver Prozeß sind im Alpha-Spektrumbereich nicht mit einer Synchronisation, sondern mit einer Desynchronisation verbunden. Diese Desynchronisation wird von einer Kohärenzbildung im 40-Hertz-Bereich überlagert. Das EEG ist kein Zeitgeber für die kognitiven Prozesse, sondern spiegelt vielmehr deren wechselnde Zeitparameter wieder. Trotz vieler nichtlinearer Vorgänge im EEG ist es möglich, gerade die Komplexität als Parameter zu nehmen, um Voraussagen über das weitere Verhalten der Hirnströme zu machen. So ist es möglich, aus einem Komplexitätsverlust der EEG-Parameter abzulesen, daß eine kompensatorische Synchronisation bis hin zum epileptischen Anfall bevorstehen kann. Forschungen zu dieser Frage laufen auf Hochtouren. Es ist geplant, Mikrochips zu entwickeln, die ins Gehirn eingepflanzt werden können, bei Patienten mit Epilepsie einen Anfall prognostizieren und diesem vorgreifend ein antiepileptisches Mittel in die Hirnflüssigkeit abgeben.

5.3.2 Evozierte Potentiale

Aus der Hirnstrom-Aktivität können Signale herausgemittelt werden, die in Korrelation zu einer Sinneswahrnehmung stehen. Aber auch ohne einen externen Stimulus kann es zu Hirnstromentwicklungen z. B. im Zusammenhang mit Aufmerksamkeitsverschiebungen, Erwartungskorrekturen und semantischen Unerwartetheiten kommen (eine positive Welle nach 300 ms als Erwartungskorrektur, eine negative Welle

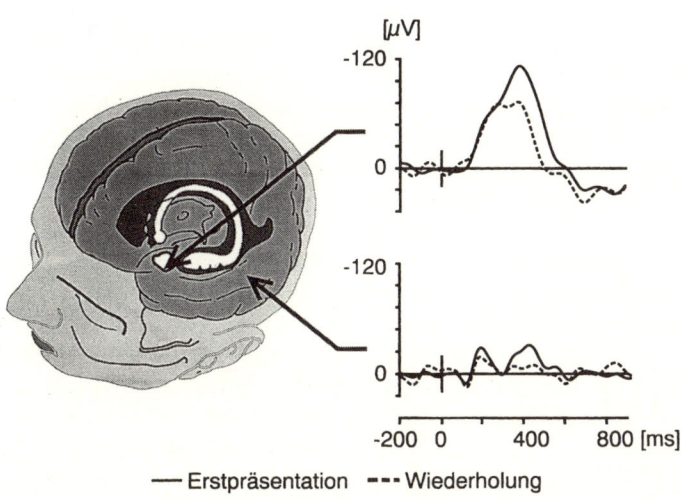

Abb. 10: Darstellung von N400, das Ausdruck eines semantischen Suchprozesses ist und bei Bedeutungsinkogruenzen auftritt. Mit Tiefenelektroden und temporolateralen Streifenelektroden können im Rahmen eines Wort-Rekognitionsparadigmas N400-Potentiale abgeleitet werden. Die Amplitude der temporolateralen N400 der sprachdominanten Hemisphäre korreliert mit der Lernkapazität für Wörter (immediate recall im Verbal Learning Memory Test). Dagegen läßt sich durch die im anterioren mesialen Temporallappen evozierte N400 die Zahl von Wörtern vorhersagen, die nach 30 Minuten noch erinnert werden können (delayed free recall).

nach 400 ms, bei semantischen Inkongruenzen, wie z.B. Sätzen wie „In den Kaffee schüttete er Zucker und Zement").

Kognitive Prozesse können auch zu diagnostischen Zwecken durch Magnetfelder beeinflußt werden. Bei Anlegen einer Magnetspule am Schädel können Ströme im Gehirn induziert werden, die zu motorischen Reaktionen führen, aber auch im Hinblick auf ihre Interferenz mit Sprachproduktionwahrnehmung und sogar Stimmungsstörungen (z.B. Depressionen) untersucht werden können.

5.4 Bildgebende Verfahren

Den kognitiven Prozessen im Gehirn liegt eine Neuronenaktivität zugrunde, die bei der Signalverarbeitung mit Elektrolytverschiebungen einhergeht. Diese Verschiebungen, insbesondere des Kaliums, können zugleich die Muskulatur der Hirngefäße beeinflussen und auf diese Weise in Korrelation zu den kognitiven Prozessen eine Durchblutungsänderung bewirken. Dies ist funktionell sehr sinnvoll, denn in jenen Hirnregionen, in denen viel Energie verbraucht wird, kann auch mehr Nachschub geliefert werden. Radiologische und nuklearmedizinische Techniken können bei der Veränderung der Durchblutung und des Energieverbrauchs direkt ansetzen und auf diese Weise die energetische Basis kognitiver Prozesse sichtbar machen. Dies gelingt einerseits durch den Einsatz von Isotopen (PET, SPECT), andererseits durch Messung veränderter Elektronenspins bei der funktionellen Kernspintomographie.

Bei der Positronen-Emissionstherapie kann außer mit radioaktiv markierter Glucose auch mit der radioaktiven Markierung von Transmittern gearbeitet werden. Differenzierte Aufschlüsselungen des Stoffwechselgeschehens bei der Kognition sind auf diese Weise möglich. Ähnliches gilt für die SPECT-Technik.

Alle drei genannten Verfahren weisen eine Einschränkung in der Auflösung der zeitlichen Dimensionen auf. Insgesamt hat die kognitive Neurowissenschaft durch die bildgebenden Verfahren doch einen erheblichen Aufschwung erhalten, da mit dieser Technik Einblick in differenzierte kognitive Prozesse wie Aufmerksamkeit, Bewußtsein, Sprache und Wahrnehmung möglich wurde.

5.5 Neuropsychologie

Mit an Normalpersonen geprüften psychologischen Testverfahren untersucht die Neuropsychologie kognitive und emotionale Prozesse. Die Tests werden bei Schädigung und Funktionsbeeinträchtigung des Gehirns eingesetzt. Als Beispiel für einen der vielen 100 neuropsychologischen Tests sei der Wisconsin-Card-Sorting-Test (WCST) genannt, mit dessen Hilfe die Fähigkeit des Menschen, Voraussagen zu machen, um diese ggf. zu korrigieren, geprüft werden kann.

Bei diesem Kartensortierungstest legt der Untersucher der Versuchsperson bzw. dem Patienten der Reihe nach Karten vor, worauf mit Voraussagen über die Wahrscheinlichkeit der Art der nächsten Karte geantwortet werden muß. Die Wahrscheinlichkeiten sind so sortiert, daß, sobald eine bestimmte Wahrscheinlichkeit erkennbar ist, diese geändert wird. Dadurch wird nicht nur die Voraussagefähigkeit des Patienten geprüft, sondern auch seine Fähigkeit, sich in seinen Voraussagen umzustellen. Es zeigt sich, daß dies insbesondere bei Schizophrenen erschwert ist. Die Beziehung der bildgebenden Verfahren belegt, daß bei schlechten Leistungen in diesem Test insbesondere der dorsolaterale frontale Cortex Minderaktivierungen aufweist. Es ist die Hirnregion, die für geplantes Verhalten und dessen Korrektur eine entscheidende Rolle spielt.

5.6 Der Wada-Test

Von dem Neurologen Juhn Wada wurde eine Untersuchung entwickelt, bei der der Ausfall von Hirnfunktionen simuliert wird und reversibel nur für wenige Minuten anhält. Auf diese Weise kann man die Funktion eines Hirngebietes über den Ausfall bestimmen. Viele Hirnaktivierungen, die bei den bildgebenden Verfahren auftreten, sind für eine bestimmte Funktion nicht unabdingbar, sondern treten eher luxorisch bzw. redundant auf. Allein der simulierte Ausfall einer Hirnregion kann Auskunft darüber geben, ob sie für eine bestimmte Funktion verzichtbar ist oder ob sie nur auf redundante Weise an Funktionskreisen beteiligt ist.

Beim nach WADA benannten Test wird in die innere Kopfschlagader (Carotis interna) ein Barbiturat (Sodium amobarbital) injiziert, was auf diese Weise eine weitreichende Funktionsblockierung der Hirnhälfte bewirkt. Die Injektion kann auch selektiv in kleine Hirngefäßäste, z.B. im Frontallappen, erfolgen. Kurz nach der Injektion kann die Funktionsblockade z.B. von Sprache, Gedächtnis und Emotion beurteilt werden. Dieses Verfahren ist zur Zeit den bildgebenden Techniken noch überlegen. Dennoch kann es mit bildgebenden Verfahren kombiniert werden, um auf diese Weise das Ausmaß der Funktionsblockade exakt zu bestimmen.

6. Lokalisation: Raum, Zeit und Bedeutsamkeit

6.1 Lokalisation

Der Aufbau des Gehirns ist erheblich durch Fragen der räumlichen Kompartimentierung bestimmt. Man kann sich das Gehirn als zwei Tischdecken vorstellen, die insgesamt zwei Quadratmeter ausmachen und auf gewellte Weise in einem Geschenkkarton gefaltet sind. Die gefaltete Hirnrinde besteht aus sechs Schichten mit Neuronen, die zu 60% untereinander Kontakt haben und zu 40% Aktivitäten nach außerhalb der Hirnrinde aufweisen.

An der Basis der beiden Hirnhalbkugeln finden sich evolutionär ältere Cortexanteile, die einfacher aufgebaut sind und im Hippocampus aus nur drei Schichten bestehen. Die Hirnrinde wird über die sensorischen Systeme zur Informationsverarbeitung im allgemeinen über den Thalamus als Zwischenschaltstation erreicht, wobei auf diese Weise eine Aufmerksamkeitsregulation und Informationsselektion in dieser Schaltstation möglich ist. Hereinkommende Fasern, die den Thalamus umgehen und direkt das Septum erreichen, in welchem insbesondere erotische Parameter verarbeitet werden, können über die Verbindung von Septum und Hippocampus die Hirnrinde ohne das Kontrollsystem des Thalamus beeinflussen.

Aus diesem Grunde ist Sexualität eine Betätigungsform des Gehirns, welche bereits auf der Verarbeitungsstufe des Stammhirns Mechanismen der Informationskontrolle umgeht und daher dem Menschen, wenn er sich auf den Bereich der Sexualität einläßt, Grenzziehungsprobleme hinsichtlich der Informationsselektion bereiten läßt. Wenn man Lokalisationslehre betreibt, so ist aus der Erfahrung der Hirnforschung zu fragen, welche kognitiven Mechanismen dabei betätigt werden.

Von besonderer Bedeutung ist, daß die Sexualität auch mit Aktivierungen des Mandelkerns einhergeht und auf diese Weise eine Struktur, welche bei der Unterscheidung von fremd und eigen eine entscheidende Rolle spielt, zur Erregung bringt. Sexualität ist daher nicht informationsverarbeitungsneutral, sondern bringt Aktivierungen ins Spiel, die einerseits ganz neue Codierungsrhythmen ins Gehirns bringen, die dadurch eine Neuordnung der Information mit sich bringen wie andererseits aber auch die Grenzziehungsmechanismen der Person herausfordern.

Die wesentlichen räumlichen Analysatoren sitzen im Gehirn im Scheitellappenbereich der rechten Hirnhälfte. In der abendländischen Kultur findet sich die Tendenz, auch kognitive Prozesse mit Metaphern des Räumlichen zu erfassen zu versuchen. So entspricht auch die Rede von Ich-Grenzen der Bemühung, aus Erfahrungen mit Territorialität und Geographie abstrakte Kognitivität erklären zu wollen.

Dies gleicht dem Versuch, mit einem Messer Wasser schneiden zu wollen, was nur gelingt, wenn die Psyche erstarrt oder das Wasser gefroren ist. Das Ergebnis eines derartigen unmöglichen Unterfangens ist im allgemeinen dieses, daß die Person sich so sehr mit der Frage der eigenen Grenzziehung befassen muß, daß sie durch dieses Bemühen durchgängig charakterisierbar wird und sich damit zur Grenzziehungs-„Borderline"-Persönlichkeit entwickelt.

Der Streit um die Darstellung und Darstellbarkeit der Psyche und der Abgrenzbarkeit des eigenen Ichs kann auf der Ebene der Frontalhirnfunktionen selber diskutiert werden. Dafür ist es erforderlich, die drei wesentlichen Kompartimente des Frontalhirns in den Blick zu nehmen, nämlich den mediobasalen, den dorsolateralen und den prämotorischen Anteil. Nun ist es noch nicht so, daß man die Lokalisationslehre selber und die verschiedenen Positionen zum Zusammenhang von Ich, Kognition und Gehirn auch wieder ohne Probleme auf die Hirnlandkarte projizieren könnte. Gewisse Zuordnungen erscheinen jedoch bereits möglich. Die gegenwärtige Tendenz, die Ich-Dimension ohne Skrupel mit dem Gehirn zu identifizieren, kann in ihrer schlechten Version zu einer statischen Ich-Metaphysik geraten, in welcher Identifikation, nicht aber deren Korrektur vorgesehen ist.

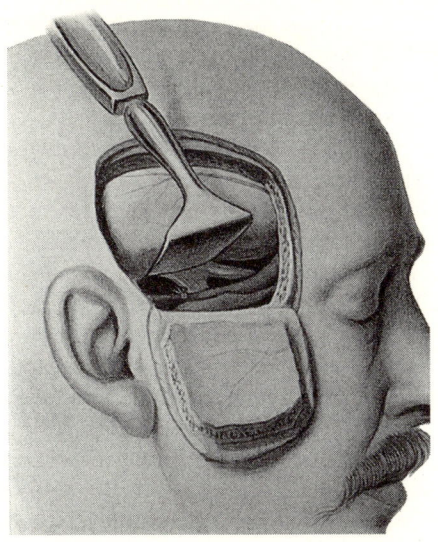

Abb. 11: Die Beziehung von Innen und Außen. Hier: Darstellung des sensiblen Gesichtsnerven (Trigeminus) während einer Hirnoperation.

Derartige starre Repräsentations- und Erwartungsphänomene finden sich bei Schädigung des dorsolateralen und frontalen Cortex, wie es sich im Wisconsin-Card-Sorting-Test darstellen läßt. Einmal gemachte Annahmen über die Auftretenswahrscheinlichkeit werden bei Schädigungen in dieser Region des Stirnhirns beibehalten, auch wenn sich die Situation ändert. Zu folgern wäre, daß es erstrebenswert ist, wenn man schon Ich-Funktionen mit der Hirntätigkeit korreliert, dies mit der Absicht dynamischer Selbstkorrigierbarkeit zu vollziehen. Wenn diese Verhaltensdimensionen in ihrer Fülle geraten sollen, dann muß die Funktion des mediobasalen frontalen Cortex mit ins Spiel kommen. Dieser spielt bei der Abwägung vielfältiger Interessen eine Rolle, wie es bei einer funktionellen Lokalisation, die den Geist nicht wie einen starren Knochen will, erforderlich ist. In der Testpsychologie zeigt sich, daß bei mediobasalen Frontalhirnschädigungen die Fähigkeit zum Umgang mit Gewinnspielen komplexerer Art gestört ist. Am berühmtesten ist der Fall von Phineas Gage, der zeigt, daß bei Schädigung dieser Hirnregionen das Sozialverhalten erheblich beeinträchtigt werden kann.

Die Hirnforschung muß in den Blick nehmen, daß es nicht nur das Ich ist, welches dem Hirn zugeordnet ist, sondern stets auch Aktivität auf eine Weise vom Hirn verhandelt wird, die den Ich-Leistungen nicht einfach unterworfen werden kann. Betrachtet man die Leistungen des Gehirns und die Möglichkeiten der Herrschaft über sie, so muß man feststellen, daß auch die räumliche Anschauung nicht völlig unter die Herrschaft des Subjekts geworfen werden kann und daß daher Kants Vorstellung, daß psychische Funktionen nicht lokalisierbar seien, da das Subjekt selber der lokalisierende sei, ebenfalls eine Erstarrung frontaler Dynamiken in der Weltsicht zum Ausdruck bringt. Der Bereich des prämotorischen Cortex ist jene Region des Stirnhirns, in welche jene Gemeinsamkeiten kognitiver Funktionen verarbeitet werden, denen sich der Mensch wie z. B. bei der Sprache, nicht ohne weiteres entziehen kann.

Ich glaube, daß unter dem Begriff der Gerechtigkeit jene Tugend der Abwägung in den Blick genommen werden kann, die zwischen einerseits der Erstarrung der Selbstrepräsentation, die in der Gefahr steht, zur Selbstverdoppelung zu führen, und andererseits dem Mangel an Selbstmonitoring und Wahrnehmung der eigenen Impulse, die zu Unkontrolliertheit führen kann, einen Ausgleich zu schaffen in der Lage ist. Diese Art von Gerechtigkeit kommt nie zum Abschluß, und deswegen ist die Frontalcodierung der Hirnfunktionen eine nie beendete.

6.2 Das Neuron: Biophysik der Informationsverarbeitung

Das Gehirn besteht aus über 100 Milliarden Nervenzellen. Die Stützzellen (Neuroglia) übertreffen diese Zahl sogar. Die Neuronen verarbeiten Informationen nach einem energieverbrauchenden Prinzip. An der semipermeablen Membran der Zelle können die Durchmesser der Ionenkanäle durch ankommende elektrische Impulse verändert werden, so daß die Diffusion der

Elektrolyte hierdurch beeinflußt wird und ein elektrisches Spannungspotential an der Zellmembran aufgebaut und verändert werden kann. Der Rücktransport der Ionen (Kalium) erfolgt durch eine energieverzehrende Ionenpumpe. Die Öffnung der Ionenkanäle, die durch die Kaliumdiffusion zu einem fortgeleiteten Aktionspotential führt, gehorcht einer Schwellenlogik, derart, daß das Potential nach Amplitude und Dauer konstant ist. An den Kontaktstellen zwischen den Neuronen werden aus den Bläschen der Synapsen Transmitter freigesetzt (z.B. Acetylcholin, Dopamin, Serotonin, Glutamat usw.), welche zu einer Modulation des postsynaptischen Potentials führen, also die Membran der nächsten Zelle beeinflussen.

Da diese Modulationen nicht immer überschwellig sind, kann man sie als eine energetische Bereitstellung für die Informationsverarbeitung betrachten. An dieser Stelle scheint mir eine definitorische Unterscheidung angemessen zu sein. Es liegt nahe, die unterschwelligen Impulse als freie Energie zu betrachten, da sie teilweise für weitere Verarbeitung zur Verfügung stehen.

Durch die Schwellenlogik besitzt das Gehirn die Möglichkeit, Unterscheidungen einzuführen und Neues zu erzeugen. Im Gehirn sind lineare und nichtlineare, kontinuierliche und diskontinuierliche Prozesse eng verbunden. Im Gehirn wird nicht einfach mit einzelnen Einheiten (Aktionspotentialen) gerechnet, vielmehr stellt die Herstellung dieser Einheiten bereits selber einen Informationsverarbeitungsprozeß dar. Dabei gerät auch immer mehr in den Blick, daß nicht nur die Nervenzellen, sondern auch die Gliazellen durch ihre langsame Modulation der Elektrolytverschiebungen einen nicht zu vernachlässigenden Anteil an der Informationsverarbeitung haben. Ein Modell der Speicherung und Verarbeitung von Informationen muß die enormen Unterschiede der Zeitkonstanten der Verarbeitung in den Blick nehmen. Die langsamen Ionenaustauschprozesse der Astroglia machen deutlich, daß die Informationscodierung im Nervensystem nicht einfach aus Alphabeten sich zusammensetzt, sondern auch von schnell verwischenden Spuren gekennzeichnet ist.

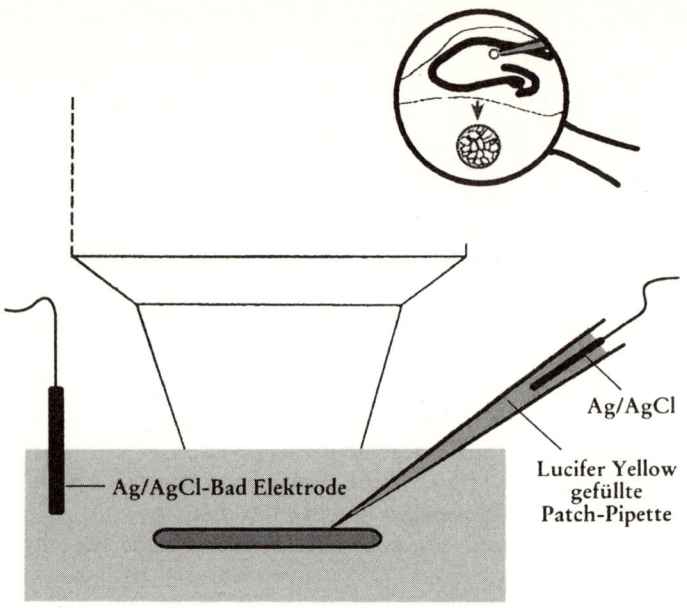

Abb. 12: Schematische Darstellung einer patch-clamp-Messung. Das eingesetzte Lupenbild (rechts oben) zeigt den Hippocampus und vergrößerte Nervenzellen.

6.3 Die Zeit

6.3.1 Das Jetzt

In der Bewegung sind Raum und Zeit zusammengefaßt. Zeit läßt sich ohne den Bezug auf Bewegung, ohne den Bezug auf Raum nicht diskutieren. Betrachtet man die Komplexität des Gehirnraumes, so wird es nicht verwundern, daß man auch bei der Analyse der Zeit auf Überraschungen stößt. Dennoch hat die physiologische Forschung zunächst versucht, die Verschlingung der Bewegungsabläufe auf ein lineares Zeitkonzept zurück abzubilden. Diesem Konzept entsprechend sollte Zeit eine Folge von Gegenwarten, eine Folge von Jetzt-Zuständen sein, die nicht kontinuierlich sein sollten, sondern sogar als Quanten aufgefaßt wurden, die als nicht weiter aufteilbar galten.

Nun gibt es in der Tat Funktionskomplexe, die ihre eigene Zeitcharakteristik aufweisen und in ihrer Prozessualität nicht beliebig gedehnt oder verkürzt werden können. Dies zeigt sich z. B. bei sensomotorischen Leistungen u. a. im Reaktionszeitexperiment. Für komplexere kognitive Abläufe können ähnliche fixierte zeitliche Cluster jedoch nicht herausgearbeitet werden. Es scheint nicht angemessen, das Gehirn wie eine Uhr verstehen zu wollen, für deren Verhalten auch noch bestimmte Zeitquanten herausgearbeitet werden könnten, denen kognitive Abläufe in ihrer Struktur zu gehorchen hätten. Kognitionen können sich weitgehend unabhängig von untergeordneten, z. B. sensomotorischen Regelkreisen mit ihren eigenen Zeitcharakteristiken verhalten.

Für den Grundrhythmus der Hirnströme hat man keinen streng lokalisierbaren Schrittmacher gefunden, sondern muß ihren Ursprung in einem komplexen Zusammenwirken verschiedener Regelkreise annehmen, wobei sehr unterschiedliche Beschleunigungen der EEG-Frequenzen realisiert werden können. Die hirnelektrischen Korrelate kognitiver Prozesse können sich dabei als weitgehend unabhängig von den Phasenverläufen des Grundrhythmus der Hirnströme erweisen. Zeit erweist sich damit als ein ähnlich komplexes Phänomen, wie die Funktionen des Gehirnes selber.

Untersuchungen auf zellularer Ebene haben bereits frühzeitig gezeigt, daß die Informationsverarbeitung im Gehirn anders als im zur Zeit üblichen Computer keinen absoluten Taktgeber zur Verfügung hat. Dies hat tiefgreifende Auswirkungen auf die Frage der Codierung von Informationen im Nervensystem (s. Abb. 5a) oben). Der Versuch, die Informationsverarbeitung im Nervensystem als ausschließlichen Binärcode zu verstehen, kann deswegen nicht gelingen, weil für die einzelnen Impulse keine strengen Zeitfenster definiert sind, die es ermöglichen würden, dem Eintreffen oder Nichteintreffen eines Signales den Wert 0 oder 1 ähnlich zuzuordnen, wie das in einem Rechnersystem geschieht.

6.3.2 Synchronisationen

Die zeitliche Verarbeitungsstruktur ist im Gehirn unabsehbar komplexer als im Herzen, welches die Abfolge seiner überschaubaren Tätigkeitsschritte viel leichter in eine zeitliche Sequenz bringen kann. Das Gehirn verfügt über keinen Schrittmacher oder pacemaker, der für alle Funktionen eine ausreichende Zeitdifferenz liefern würde. Man kann sogar sagen, daß einige Funktionskomplexe, wenn sie aktiviert werden, ihre eigene Zeitcharakteristik in die Gesamtfunktion des Gehirnes so hineinbringen, daß die Zeitcharakteristika des Gesamtsystems sich verändern. Es ist nicht möglich, in der zeitlichen Dimension jene Integrationsfunktion punktual anzusetzen, welche bei der räumlichen Lokalisation der Funktionen im Gehirn nicht gefunden werden konnte. Im Märchen vom Wolf und den sieben Geißlein konnte sich ein Geißlein im Uhrenkasten verstecken. Alle Aspekte der Subjektivität können im Zeitdiskurs jedoch nicht ohne weiteres gerettet werden. Gerade die Verschränkung verschiedener zeitlicher Dimensionen wird sich für die weitere Hirnforschung als entscheidendes Thema erweisen.

Die Untersuchungen von Edelman über das „past present", die vergangene Gegenwart im Zusammenhang mit den Hirnfunktionen, deuten ähnlich wie viele Entwicklungen der Philosophie auf eine Nichtvorhandenheit absoluter Präsenz. Die bislang durch Balkendurchtrennung mögliche Entkopplung der Funktion der beiden Hirnhälften voneinander ist ein Beispiel dafür, daß im Gehirn Parallelzeiten verarbeitet werden können. Auf diese Weise können auch Phänomene, bei welchen die Zeit als rückwärtslaufend empfunden wird, gedeutet werden. So kann es geschehen, daß ein Traum mit einem Schuß endet, durch dessen Heftigkeit man aufwacht; aufgewacht bemerkt man dann, daß auf der Straße ein Moped eine Fehlzündung hatte.

Ein derartiges Zeiträtsel (Wie konnte man die Fehlzündung, die im Traum zum Schuß verarbeitet wurde, erst hören, nachdem man durch diesen Schuß im Traum aufgewacht war?) erweist sich dadurch als lösbar, daß für die verschiedenen Bewußtseinszustände verschiedene Funktionskreise angenommen werden, die nicht ständig im Austausch miteinander stehen. Demzufolge kann ein Funktionskreis (z. B. eine Hirnhälfte) auf ein akustisches Signal von der Straße so reagieren, daß er es eben traumhaft zu einem zielgerichteten Geschehen verarbeitet und der andere Funktionskreis (z. B. die andere Hirnhälfte) eine wirklichkeitsnähere Interpretation des Geschehens vollzieht. Demzufolge läuft in einem Funktionskreis noch ein Traum ab, wobei im anderen Funktionskreis bereits das Wachbewußtsein tätig ist, welches erst danach Zugang zu diesem Traum bekommt.

Es sieht so aus, als ob bei der Analyse der zeitlichen Kohärenz von Neuronenfunktionen, zumindest in enger umschriebenen Bereichen, die tierexperimentell gut belegbare Grundlage für die zeitlichen Abläufe bestimmter Funktionsbereiche erfaßt wird. So konnten Gray und Singer sowie die Arbeitsgruppe von Eckholm zeigen, daß die Synchronisation insbesondere im 40-Hertz-Bereich kleiner kortikaler Regionen im visuellen Cortex Grundlage von Wahrnehmungsprozessen ist. Mit diesem Ansatz eröffnen sich Möglichkeiten für ein weitgehendes Verständnis der Koordination von Funktionen im Gehirn. Sieht man die zeitliche Kohärenz als Grundlage der Einheit von Funktionen an, so kommt der Geschwindigkeit ablaufender kognitiver Prozesse eine besondere Bedeutung zu, da unterschiedliche Geschwindigkeiten auch unterschiedliche Synchronisationen nach sich ziehen können. Nimmt man die zeitliche Synchronisation und Kohärenz als Grundlage der Einheit, so können sich für eine und dieselbe Funktion unterschiedliche Lokalisationen ergeben.

Inwieweit die andersartige Lokalisation dann jedoch auch eine Variation in der Beschreibung der Einheit der Funktion zur Folge haben muß, ist eine sehr weitreichende Frage. In diesem Zusammenhang wird die Erforschung von Kontexten bei der Analyse zeitlicher Strukturen genauso bedeutsam sein, wie sie zuvor bei der Untersuchung des lokalisationistischen Paradigmas bereits in den Blick kam. Reizexperimente an der Hirnrinde aus der ersten Hälfte des 20. Jahrhunderts zeigten, daß die motorischen Entäußerungen nach Reizung der motorischen Rinde in erheblichem Maße von der Ausgangslage des untersuchten Organismus (z.B. Beinstellung) abhängen. Die Berücksichtigung der Kontextualität wird für die Zeitanalyse der Hirnprozesse von großer Bedeutung sein.

Noch ist offen, in welchem Maße die im mikrolokalisatorischen Bereich nachgewiesenen Kohärenzen und Synchronisationen eine Modellbildung für weite Bereiche dieser kortexumspannenden Funktionsintegration absichern lassen. Vor allem in den 70er Jahren wurde in der EEG-Forschung stark auf Kohärenzbildung in verschiedenen Regionen geachtet. Derartige Modelle bekommen z.Zt. durch die Kohärenzanalyse in kleinen Cortexarealen neue Impulse. Folgt man derartigen Modellen, so handelt es sich bei der Abspeicherung von Gedächtnisfunktionen nicht um ein umschriebenes lokalisatorisches Geschehen, sondern um die angemessene zeitliche Koordination zum Teil weit auseinander liegender Hirnareale. Derartige Konzepte haben auf eine andere Weise die Dimension der Kontextualität bereits in sich. Aber diese Synchronisation weit auseinanderliegender Hirnareale kann nur durch das Zusammenspiel sehr abgestimmter Kontextualitäten erreicht werden.

6.3.3 *Kairos*

Wenn man die Zeit auf einer Linie abbilden will, gerät man zu zahlreichen Paradoxien. Die Hirnforschung ist in der Lage, einige der Paradoxien durch die Analyse des Gehirnes in ihrer Struktur offen zu legen. Wichtig ist der Befund, daß die beiden Hirnhälften unterschiedliche Zeitwahrnehmungen vollführen können. Bei der Narkose einer Hirnhälfte beim Menschen kann man zeigen, daß je nachdem, welche Hirnhälfte narkotisiert ist, die andere funktionstüchtige Hirnhälfte zumeist jeweils ein anderes Zeitschätzungsvermögen aufweist. Dabei nimmt die nichtdominante Hirnhälfte gewöhnlich weniger verflossene Zeit an, als die dominante Hirnhälfte dies tut. Für die nichtdominante, also zumeist rechte Hirnhälfte, scheint die Zeit also langsamer zu vergehen als für die andere Hirnhälfte.

Hieraus ließen sich einige Folgerungen ziehen. Eine Beschäftigung mit den stärker von der nichtdominanten Hirnhälfte getragenen musischen Funktionen könnte demzufolge einen „Zeitgewinn" mit sich führen, da diese Funktionen stärker von der „langsamer" lebenden rechten Hirnhälfte getragen werden. In einigen Theorien der Zeit wird diese als etwas konzipiert, was erst von der Einbildungskraft geformt werden muß. Geht man davon aus, daß wesentliche Formen der Einbildungskraft in erheblichem Maße auf die Funktionen der rechten Hirnhälfte angewiesen sind, dann käme man zu der interessanten, fast paradoxen Verschränkung, daß die Einbildungskraft, welche die Wahrnehmung der Zeit entwirft, eine andere Zeitbasis aufweist als andere, nicht an dieser Funktion beteiligte, Hirnstrukturen. In die Erfahrungswelt übersetzt würde dieses aber bedeuten, daß besonders die Reflexion über die Zeit einen Gewinn von erlebter Zeit mit sich bringen könnte. In diesem Sinne würde die Hirnforschung die philosophische Lebensweise als etwas auszeichnen, das die Tiefendimension der Zeit besonders erfahren läßt.

Hierzu könnte man dann aber auch die selten positiv bewertete Erfahrung der Langeweile rechnen, die gemäß einem derartigen Modell in der Lage wäre, größere Synchronisationseinheiten herzustellen und sich auf solche Rückkoppelungs- und Rückmeldeschleifen zu verlassen fördern würde, die bei Schnelltaktsynchronisationen eher zur Unterdrückung gelangen würden. Das Aushalten von Langeweile wäre demnach eine Möglichkeit, die aufgrund der „kritischen Masse" des Gehirnes auseinandergefallenen Funktionen wieder zu einer Erfahrung von Welt zusammenzubringen.

Versteht man Zeit auf diese Weise, so käme es nicht auf die

optimale Ausbildung von Zeitquanten an, sondern darauf, den rechten Rhythmus verschiedener Zyklizitäten im rechten Moment zu erfassen und das heißt, den Kairos und die Gelegenheit der Integration so zur Wirklichkeit werden zu lassen, daß die Paradoxien eines Subjekts, das Herrschaft über alle Zeitmomente sein möchte, vermieden werden. Ein Subjekt, das ständig auf seine Einheit achtet, könnte die Gelegenheit verpassen, den Anforderungen der Alterität gerecht zu werden. Der Versuch im Gehirn, ein monarchisches Ich zu realisieren, könnte sehr schnell von Mechanismen „ausgleichender Gerechtigkeit" überspült werden, das heißt, die unzureichende Befassung mit Zeit, Vergänglichkeit und Alterität könnte gerade deswegen das Ich zum Scheitern bringen, weil es sich zuviel mit seiner Eigenstabilisierung befaßt hat.

6.4 Energie, Information und Bedeutsamkeit

Die Analyse von Hirnprozessen, welche Bedeutung als Bedeutsamkeit für den Organismus auffassen, ist von besonderem Interesse. Informationen, die für den Organismus bedeutsam sind, werden daher auf eine Weise gespeichert sein, die durch Vernetzung eine vielfältige Verwirklichungsmöglichkeit liefert. Neben einer ausgedehnten Vernetzung können dabei auch Verstärkersysteme eine besondere Rolle spielen. Wichtig ist, daß grundsätzlich zwischen der Signalebene und den vielfältig anzusetzenden Informationsebenen ein Verhältnis anzusetzen ist, bei dem die Informationen in einem gewissen Maße Unabhängigkeit von der energetischen Quantität, d.h. eine gewisse Unabhängigkeit von dem Signalträger aufweisen. Die Erzeugung von Nervenmembranpotentialen, die Ermöglichung von Aktionspotentialen, führt zu einem Energieverbrauch. Die Energie wird dabei durch Stoffwechselprozesse innerhalb der Membran aufgebraucht, kann aber jederzeit durch das Blut herangeführt werden.

Die Tatsache, daß die Blutgefäßregulation mit der Produktion von Aktionspotentialen korreliert, ermöglicht es, Informationsverarbeitungsprozesse im Gehirn dadurch zu analysieren, daß man die Durchblutungsstärke von bestimmten Hirnregionen, z.B. mit Hilfe radioaktiver Isotope, mißt.

Das Gehirn verbraucht 20% der Energien, die vom menschlichen Organismus verarbeitet werden. Obwohl es nur 3% der Körpermasse ausmacht, werden in ihm ein Fünftel der Energien verwertet. Mit zunehmender Tätigkeit verbraucht das Gehirn vermehrt Energien. Die Abfuhr der Energien erfolgt nicht über motorische Aktivitäten, da die Muskelsysteme selber über das Blut energetisch versorgt werden und bei der Impulsleitung für die Bewegungsfolgen vom Gehirn zum Muskel wohl Informationen weitergeleitet, relevante Energien jedoch nicht abgeführt werden. Hält man sich diese Tatsache vor Augen, so wird deutlich, daß ein energetisches Konzept der Psychoanalyse, welches eine Abfuhr libidinöser Energien über motorische Entäußerungen annimmt, physiologisch nicht haltbar ist.

Energetisch ist das Gehirn ein offenes System, das Energiezufuhr über die Blutbahn bekommt und Energie, z.B. auch als Wärme, abgeben kann. Es wäre falsch zu meinen, daß der Energiehaushalt des Gehirnes nur über entsprechende Informationsverarbeitungen geleistet werden könnte. Im Gegenteil, die Energieaufnahme über die Sinnesorgane und die Energieabgabe über die motorischen Systeme spielt für das Gehirn keine Rolle. Die Input- und Output-Systeme müssen vielmehr sogar durch interne Verstärkersysteme Energie zugeführt bekommen, damit die externen Informationen verarbeitet werden können. Insofern ist es völlig verkehrt, externe Handlungen als energetische Triebabfuhr deuten zu wollen.

Natürlich muß sich die Hirnaktivität in einem bestimmten Rahmen bewegen, d.h., zu ausgeprägte Synchronisation und Aktivierung der Nervenzellen kann zu Krampfanfällen führen und zu geringe Aktivität des Gehirns würde die Möglichkeiten komplexer Kohärenzbildungen verringern. Ein gleichmäßiges Aktivierungsniveau des Gehirns erscheint für eine verläßliche Arbeitsweise am sinnvollsten. In diesem Sinne wäre Heraklit Recht zu geben, wenn er äußerte: „Die trockene Seele ist die beste."

Die entscheidenden Prozesse für die Erzeugung von Verhalten und für die Kognition finden im Gehirn durch Veränderungen der Spannungsdifferenzen an den Zellmembranen statt. Die fortleitbaren sogenannten *Aktionspotentiale,* die eine Dauer von einer Millisekunde aufweisen, können informationstheoretisch mit den Mitteln der Übertragungswahrscheinlichkeitsbeschreibung erfaßt werden.

Damit ist aber noch keinesfalls jene physiologische Information dargestellt, die das Korrelat zu dem ist, was wir umgangssprachlich als Informationsverarbeitung bezeichnen. Umgangssprachlich wird mit Information zumeist ein Neuigkeitswert gemeint. Dessen Verarbeitung besteht aber nun nicht einfach nur in der Weiterleitung wie in einem Telefonkabel, sondern auch in der Modulation an der zellkernnahen Membran selber. Hier können Membranpotential-Schwankungen auftreten, die erst bei Überschreiten einer bestimmten Schwelle zu einem fortgeleiteten Aktionspotential führen. Membranpotential und Aktionspotential können zwar einer Statistik der Auftretenswahrscheinlichkeit zugeführt werden, genau wie dies auch bei den kognitiv verarbeiteten Informationen (z.B. Textmengen) geschehen kann.

Die Korrelation dessen, was auf der kognitiven Ebene als Information imponiert, zu dem, was auf der Fortleitungsebene der Nervenfasern informationsstatistisch beschrieben werden kann, ist äußerst indirekt. Dennoch erscheint es sinnvoll, auch auf der Hirnebene nicht nur Signalverarbeitungs-, sondern auch Informationsverarbeitungsprozesse zu beschreiben zu versuchen, ohne dabei schon eine Aussage über Informationen auf der mentalen Ebene beanspruchen zu wollen.

Auch eine zeichentheoretische Behandlung der Aktionspotentiale kann bedeutsam sein. Ein zeichentheoretischer Ansatz bei der Analyse der Hirnprozesse impliziert nun keinesfalls, daß die semantische Ebene, die Ebene der Bedeutung, auf der Hirnebene nicht zu erfassen wäre. Dies gilt um so mehr, da man sich klarmachen kann, daß die Bedeutung eines Zeichens in vielen Fällen ebenfalls als Zeichen gefaßt werden kann.

Für die Hirnforschung erscheint es recht sinnvoll, einen Bedeutungsbegriff zu aktivieren, der einen zweiten Sinn des Wortes Bedeutung herausstellt, nämlich die „Importance", mit welcher die Bedeutsamkeit von Ereignissen für den Organismus angezeigt werden soll.

7. Meditation an der Einkaufskasse

Wissenschaft ist von ihrem Konzept her oft notgedrungen reduktionistisch. Die Problematik des Reduktionismus ist besonders augenfällig, wenn der Gegenstand der Reduktion der Mensch selber ist. Die launige Einlassung, dann würden sich die Reduktionisten eben selber reduzieren, kann hier nicht genügen. Es gibt Philosophen, die es ernst meinen und das, was sie „Volkspsychologie" nennen, durch neurowissenschaftliche Theorien über den Menschen ersetzen möchten. Auch solche Versuche können als ein Beitrag zur Vielfalt der menschlichen Kultur gewertet werden. Man sollte jedoch aufpassen, daß man solchen Versuchen nicht die Phantasie der eigenen Lebensführung voreilig opfert.

Als die Streßforschung populär wurde, hatte man darauf hingewiesen, daß man durch jeden Kuß drei Minuten seines Lebens verlieren würde, da durch den Pulsanstieg das Kreislaufsystem abgenutzt würde. Heute weiß man, daß es neben dem organabnutzenden Streß auch noch den Eustreß gibt, der den Organismus auf vorteilhafte Weise fordert. Weit darüber hinaus hat man erkannt, daß es im Gehirn vom Stirnhirn absteigende Fasern gibt, welche bei drohendem Herzstillstand das Herz wieder zur Aktivierung veranlassen. Diese Notbremsfunktion des Gehirns ist sicherlich auch von dem Gleichgewicht der Stirnhirnfunktion abhängig. Die ausgeglichene Seele oder die Seele, die sich gelassen ausgleichen läßt, sind von daher ein Teilmoment für höhere Lebenserwartung.

Angesichts der gestaffelten Beziehung von sozialer Interaktion, Selbstkontrolle, Ichbezug, Seele, Gehirn und Leib ist auch Vorsicht gegenüber vorschnellen psychoimmunologischen und tumorimmunologischen Modellen geboten. Es stellt einen Kategorienfehler dar, anzunehmen, daß mangelnde Autonomie des Ich dazu führt, daß sich aus dem Organismus über psychoonkologische Mechanismen Tumorzellen aus seinem Verband ausgliedern würden.

Für die psychoonkologische Forschung ist es von Bedeutung zu sehen, daß der Organismus von gestaffelter und unterschiedlicher Autonomie gekennzeichnet ist. Die Willkürbewegung eines Fingers unterliegt anderen Herrschaftsansprüchen als die vegetative Reaktion eines Dünndarms oder einer Schleimhautzelle. Das Konzept der Autonomie ist an der Willkürmotorik orientiert und kann nicht ohne weiteres auf vegetative und immunologische Körperprozesse übertragen werden. Möglicherweise ist es gerade die Gelassenheit, die hier die angemessene Autonomie nicht nur des Ich-Konstrukts, sondern auch des gesamten Organismus ermöglicht und verhindert, daß Zellen oder Organsysteme aus dem Gesamtverband ausscheren. Gelassenheit ist die Fähigkeit, auf verschiedene Signale zu achten, die bisweilen unerwartet zur Relativierung eigener Vorannahmen und starrer Konzepte einschließlich der Selbstkonzepte verhelfen.

Sie ist auch von großer Bedeutung für die kognitiven Leistungen, die in ihrer Abhängigkeit von der Psyche und von inhaltlichen Orientierungen nicht als rein formales System abgehandelt werden können. Entsprechend ist kognitives Training, das dem Altersabbau vorbeugen soll, auch besonders auf emotionale Fähigkeiten zu richten. Nicht einfach das formale Üben von Wortfolgen und Zahlenreihen, sondern vor allem auch das Training von Geduld und Abwägungsfähigkeit sind für den Erhalt kognitiver Leistungen von großer Bedeutung.

Die beste Übung hierfür ist, sich emotional auch auf andere Meinungen einzulassen, auf Menschen, die eine andere Art haben, die vielleicht nicht nach unserer Fasson ist. Nicht die fehlende Differenziertheit des logischen Schließens ist es, die im Alter als Mangel empfunden wird, sondern die Schwächung der emotionalen Ausbalancierungsfähigkeit. Eine der besten Übungen dafür können wir in der Schlange vor der Kasse des Supermarktes vollführen.

Achten wir auf die Gedanken und die Ungeduld, die uns dort überwältigen wollen, und versuchen sie in Balance zu halten. Man braucht für solche Übungen nicht in einen

Ashram Sri Aurobindos nach Südindien zu pilgern. Die Einübung der Balance der Gedanken und Gefühle, das entscheidende Training des Frontalhirns, gelingt am besten in der Schlange vor dem Fahrkartenschalter.

Das Training der Belohnungsschleifen im Frontalhirn durch Verzögerung von Erfüllung wird am Ende jeden, der es versucht, beglücken. Hirnforschung wird Philosophie nicht ersetzen, denn beide werden an einer gerechten Balance der Dinge arbeiten.

Danksagung

Für wichtige Gespräche danke ich den Freunden Prof. Dr. Jason W. Brown, New York, Prof. Dr. Werner Gephart, Bonn, Prof. Dr. Martin Kurthen, Bonn, Lutz und Anke Overbeck, Gelsenkirchen.

Für stets verläßliche Hilfe danke ich meinen Mitarbeiterinnen Frau Dr. Karin Behrends, Frau Hannelore Keiser, Frau Karin Lehrmann, Frau Marlis Melchers, Frau Simone Schmidt, Frau Marzena Wisnewski sowie der Bibliothekarin des Nervenzentrums Frau Karin Mutlaq, dem Leiter des Fotolabors Herrn Wolfgang Nettekoven und meiner Sekretärin Frau Ruth Faßbender.

Dank gilt auch den vielen, die im Zentrum für Nervenheilkunde und in der Fernleihe der Universitätsbibliothek tätig sind und die ich gerne namentlich nennen würde.

Für die Bereitstellung von Abbildungen danke ich Herrn Dr. J. Blümcke, Herrn Dr. Dr. Grunwald und Herrn Prof. Dr. Steinhäuser.

Den wichtigen Einfluß von Maja, Christian, Cosima, Anita und Joschua kann man nur abschätzen. Eine wesentliche Pointe des Buches verdanke ich der Individualität meiner Frau.

Ausgewählte Literatur

Abbruzzese, M. S. Ferri and S. Scarone: The selective breakdown of frontal functions in patients with obsessive-compulsive disorder and in patients with schizophrenia: A double dissociation experimental finding. *Neuropsychologia 35* (1997), S. 907–912

Baars, B. J.: In the Theater of Consciousness. Oxford University Press, New York–Oxford 1997

Bechara, A., H. Damasio, D. Traniel and S. W. Anderson: Dissociation of Working Memory from Decision Making within the Human Prefrontal Cortex. *The Journal of Neurosciene 18* (1998), S. 428–437

Breidbach, O.: Das Ich und seine Materialisation. Suhrkamp Verlag, Frankfurt a. M. 1994

Brown, J. W.: Time, Will and Mental Process. Plenum Press, New York–London 1996

Busch, E.: Viele Subjekte, eine Person. Verlag Könighausen und Neumann, Würzburg 1993

Churchland, P. M.: The Engine of Reason, the Seat of the Soul: A Philosophical Journey into the Brain. MIT Press, Cambridge/Mass. 1995

Damasio, A. R.: Descartes Irrtum. Paul List Verlag, München 1994

Dennett, D. C.: Philosophie des menschlichen Bewußtseins. Hoffmann und Campe, Hamburg 1994

Edelman, G. M.: Göttliche Luft, vernichtendes Feuer. R. Piper, München 1995

Everling, S., and B. Fischer: The antisaccade: a review of basic research and clinical studies. *Neuropsychologia 36* (1998), S. 885–899

Freeman, W. J.: Societies of Brains. Lawrence Earlbaum Ass. Hillsdale/New Jersey 1995

Freud, S.: Entwurf einer Psychologie. In: Aus den Anfängen der Psychoanalyse, Imago Publ. Co. Ltd., London 1950, S. 373–466

Friston, K. J.: Neuronal transients. Proceedings of the Royal Society London B 261 (1995), S. 401–405

Frith, C. D.: The Cognitive Neuropsychology of Schizophrenia. Erlbaum (UK), East Sussex 1992

Globus, G. G.: The Postmodern Brain. John Benjamins Publishing Company. Amsterdam/Philadelphia 1995

Gold, P. und A. K. Engel: Der Mensch in der Perspektive der Kognitionswissenschaften. Suhrkamp Verlag, Frankfurt a. M. 1998

Guttmann, G. and I. Scholz-Strasser (Eds.): Freud and the Neurosciences. Verlag der Österreichischen Akademie der Wissenschaften, Wien 1998

Hartje, W., und K. Poeck: Klinische Neuropsychologie Georg Thieme Verlag, Stuttgart–New York, 3. Auflage 1997

Hebb, D. O.: The organization of behavior, Wiley, 1949

Helmstaedter, C., Th. Grunwald, K. Lehnertz, U. Gleißner and C. E.

Elger: Differential Involvement of Left Temporolateral and Temporomesial Structures in Verbal Declarative Learning and Memory: Evidence from Temporal Lobe Epilepsy. *Brain and Cognition 35* (1997), S. 110–131

Koch, C.: Biophysics of Computation. Oxford University Press, Oxford–New York 1999

Kurthen, M.: Neurosemantik, Enke Verlag, Stuttgart 1993

Kurthen, M., L. Solymosi und D. B. Linke: Der intrakarotidale Amobarbitaltest, *Radiologe 33* (1993), S. 204–212

Linke, D. B.: Hirnverpflanzung. Die erste Unsterblichkeit auf Erden. Rowohlt Verlag, Reinbek, 2. Auflage 1996.

Linke, D. B., und M. Kurthen: Parallelität von Gehirn und Seele. Die Neurowissenschaften und das Leib-Seele-Problem. Enke Verlag, Stuttgart 1988

Mac Cormac, E., and M. I. Stamenov: Fractals of Brain, Fractals of Mind. John Benjamins Publishing Company Amsterdam/Philadelphia 1996

Mc Crone, J.: Going Inside. Faber and Faber, London 1999

Metzinger, Th. (Hrsg.): Bewußtsein. Schöningh, Paderborn 1995

Nagel, E., und J. R. Newman: Der Gödelsche Beweis. R. Oldenbourg, München 1984

Ohlendorf, J. M., T. A. Pollow, W. Widdig und D. B. Linke (Hrsgb.): Sprache und Gehirn. Hochschulverlag GmbH, Freiburg 1994

Phillips, W. A., and W. Singer: In search of common foundations for cortical computation. *Behavioral and Brain Sciences 20* (1997), S. 657–722

Rainville, P. et al.: Pain affect encoded in human anterior cingulate but not somatosensory cortex. *Science 277* (1997), S. 968–971

Rawls, J.: Eine Theorie der Gerechtigkeit. Suhrkamp, Frankfurt a. M. 1990

Reuter, B. M., D. B. Linke und M. Kurthen: Kognitive Prozesse bei Bewußtlosen? Eine Brain-Mapping-Studie zu P 300. *Arch. Psychol. 141* (1989), S. 155–173

Roth, G.: Das Gehirn und seine Wirklichkeit. Suhrkamp Verlag, Frankfurt a. M. 1994

Schore, A. N.: Affect Regulation and the Origin of the Self. Lawrence Erlbaum Ass., Hillsdale/New Jersey 1994

Searle, J. R.: The Rediscovery of the Mind. MIT Press, Cambridge/Mass. 1992

Steinhäuser, C.: In situ-Eigenschaften zentraler Gliazellen: Konsequenzen für das Konzept der Informationsverarbeitung im ZNS? *Biologie in unserer Zeit* 26. Jg. 1996/Nr. 2, S. 78–84

Varela, F. J., und E. Thompson: Der mittlere Weg der Erkenntnis. Scherz-Verlag, Bern–München–Wien 1992

Welsch, W.: Vernunft Suhrkamp Verlag, Frankfurt a. M. 1996

Wilson, E. A.: Neural Geographies. Routledge, New York–London 1998

Abbildungsnachweis

Abb. 1, 2, 5, 8 und 9: Zeichnungen der Buchillustratorin und Künstlerin Maja Linke

Abb. 3: Aus: Karl Kleist: Gehirnpathologie, Leipzig 1934, Abb. 429

Abb. 4 u. 6: Unveröffentlichte Abbildung von Dr. J. Blümcke, Institut für Neuropathologie der Universität Bonn

Abb. 10: Dr. Dr. Th. Grunwald, Klinik für Epileptologie, Zentrum für Nervenheilkunde, Universität Bonn

Abb. 11: Aus: Fedor Krause, Chirurgie des Gehirns und Rückenmarks, II. Bd., Berlin 1911, Tafel XLI

Abb. 12: Prof. Dr. Ch. Steinhäuser, Experimentelle Neurobiologie, Neurochirurgische Universitätsklinik, Bonn

Register

Acetylcholin 79
Agnosie 55
Aktionspotentiale 86, 88
Algorithmus 38f., 45
Alien hand 12f.
Alpha-Grundrhythmus 70
Alpha-Wellen 69
Alterität 15, 86
Altersabbau 91
Altersprozesse 67
Alzheimer, Alois 67
Alzheimersche Erkrankung 67
Anaximander 8f., 63
Anhedonie s. Glück
Anosognosie 43
Anthropologie, neue 31
Apalliker 44
Apallisches Syndrom 44
Aphasie 55
   motorische – 54
   sensorische – 54
Apoptose 65
Arbeitsgedächtnisfunktion 29
Astroglia 79
Asymbolien 55
Attraktor 51f., s.a. Personattraktor
Aufmerksamkeitsregulation 75
Aufmerksamkeitssystem 42
Augenbewegungen 46
Ausgerichtetheit, leitmotivische 35
Außerkörperliche Wahrnehmung 48ff.
Automatisierung 38

Balken 12, 16, 18
Balkendurchtrennung 82
Basalganglien 36
Berger, Hans 69
Bewußtlosigkeit 43f.
Bewußtsein 8f., 14f., 37ff., 42, 44ff., 57, 73
   falsches – 37

Bewußtseinsbegriff 38
Bewußtseinsverlust 39, 43f.
Bewußtseinswirklichkeit 51
Bilaterale Mechanismen 58
Bildgebende Verfahren 69, 72ff.
Bindungsproblem 30
Broca, Paul 54

Carl-Schmitt-Modell 35
Carotis interna 74
Chinesisches Zimmer 46f.
Cogito ergo sum 11, 16, 62
Corpus amygdalae s. Mandelkern
Cortex 55, 75
   dorsolateraler – 77
   dorsolateraler frontaler – 29, 73
   frontaler – 29, 77
   mediobasaler frontaler – 77
   präfrontaler – 21f.
   prämotorischer – 78
   visueller – 83
Cortexareale 84

Damasio, Antonio R. 16
Demenz 54
Denken 9, 11, 62, 65f., 69
Descartes, René 10f., 16
Differenziertheit 42
Dissoziation von Handlungen 12
Dopamin 79
Doppelgänger 51, 60
Doppelungsstruktur 56
Dostojewskij, Fjodor M. 30, 52
Dualität des Nervensystems 58

Eckholm 83
Edelman, Gerald M. 9f., 82
EEG 69f., 84
EEG-Frequenzen 81
Elektrophysiologische Techniken 69–72
Emotionale Fähigkeiten 91

Emotionale Prozesse 73
Emotionen 16, 19, 34f., 74,
    s.a. Gefühle
Empedokles 10
Endorphine 52
Energie 86
    freie – 79
Energiedimensionen 69
Energieverbrauch 86f.
Engel 11, 19, 48, 50f.
    kalter – 35
Enkephaline 52
Epilepsie 12, 30, 67, 70
Erwartungskorrektur 44, 71
Erwartungsphänomene 77
Ethik 23f.
    minimale – 31
Evolution 55, 58 f.

Feminismus 17
Finkelnburg 54
Formatio reticularis 70
Freiheit 15
Freud, Sigmund 54f.
Freund-Feind-Schema 35
Friston, K. J. 30
Fritsch 68
Frontalcodierung 78
Frontalhirn 19, 29, 35f., 92
Frontalhirnfunktionen 76
Frontalhirnschädigungen,
    mediobasale 77f.

Gage, Phineas 78
Galvani, Luigi 68
Gate-Modell 30
Gating-Mechanismus 29
Gedächtnis 74
Geduld 91
Gefühle 9, 13, 69, s.a. Emotionen
Gegenstandserkennung 55
Geist-Materie-Dualismus 69
Gerechtigkeit 7–10, 19f., 22ff.,
    26, 28, 35, 63, 78
Gleichheit 62f.
Globalaktivität 70

Glück 19f., 22–26, 51
Glücksattraktor 52
Glücksaura 30
Glutamat 79
Gödelproblem 56f.
Goethe, Johann Wolfgang von
    10, 60
Gray 83
Grenzziehungsmechanismen 75f.
Großhirn 18, 43, 56
Gyrus cinguli 18, 26–29, 34ff.
Gyrus dentatus 34

Heidegger, Martin 65f.
Hemisphärendominanz 33, 41,
    54, 64, 85
Hemisphärenprozeß 35
Hemisphärenverteilung 56
Hemisphärenzusammenspiel
    35, 59
Heraklit 8, 10, 16, 87
Herzstillstand 47f., 90
Hippocampus 18f., 34f., 75, 80
Hirnaktivität 65
Hirnareale 84
Hirndruck 43f.
Hirnerweichung 54
Hirnforschung 9f., 16f., 19, 64,
    66, 68f., 75, 78, 89, 92
Hirnfunktionen 12, 15, 22, 82
    Ausfall von – 73f.
Hirnfunktionsbestimmungen 68
Hirnhälfte 12, 34, 82
    dominante – 33
    linke – 54ff., 64
    nichtdominante – 33, 85
    rechte – 18, 42, 46, 55 f., 64,
        76, 85
    Spezialisierung 58
Hirnhälftendominanz
    s. Hemisphärendominanz
Hirnkammern 13
Hirnlandkarte 76
Hirnleistung 67
Hirnlokalisation 21, s.a. Lokali-
    sation

98

Hirnprozesse 69, 84, 86
Hirnregionen 20, 29
  frontale – 28
Hirnrinde 20, 44, 65, 68, 70, 75, 84
  motorische – 68, 84
Hirnstamm 18, 43ff., 70, 72, 81
Hirnströme 44, 70
Hirntod 48
Hirntumor 43
Hirnverletzung 62
Hitzig 68
Homunculus
  somatotoper – 26, 28
  vegetativer – 28
Hörbahn 54
Hyperzyklus, mentaler 13

„Ich denke, also bin ich" 10f., 15f., 37f.
Ich, das 12–16, 22f., 27f., 39, 42, 50, 61f., 76
Ich-Bezug 90
Ich-Dimension 76
Ich-Funktionen 77
Ich-Grenzen 76
Ich-Interessen 16
Ich-Konzept 14f.
Ich-Leistungen 15, 78
Ich-Metaphysik 76
Ich-Philosophie 38
Ich-Rede 12, 61
Ich-Referenzzentrum 61
Ich-Stabilisierung 13
Ich-Theorien 14
Individualität 10, 16, 24, 60f., 66
Individuum 17, 22, 27, 63, 65
Informationsselektion 75
Informationsverarbeitung 30, 35, 43, 45, 78, 81, 86
Innen-/Außendichotomien 17
Inselregion 28, 36
Introspektion 38

Jenseits 50, 52

Kairos 84ff.

Kant, Immanuel 13, 19, 47, 62, 78
Kartierung 68
Kernspintomographie 72
Kleinhirn 18, 36
Kleist, Karl 21
Kognition 27f., 30, 62, 65f., 69, 76, 81, 88
Kognitionswissenschaft 68
Kognitive Funktionen 37, 78
Kognitive Leistungen 38, 55, 91
Kognitive Mechanismen 75
Kognitive Prozesse 13, 70, 72f., 76, 81
Kognitive Systeme 43
Kognitives Training 91
Kohärenz 30, 33, 83f., 87
Koma 37, 43ff.
Komatiefe 43, 45
Kopfhaut 70
Körperlichkeit 11, 16, 19,
  s.a. Leiblichkeit
Kreativität 34, 59f.

Leben nach dem Tode 47
Leborgne, Paul 54
Legasthenie 63f.
Leiblichkeit 17, 28,
  s.a. Körperlichkeit
Leib-Seele-Programm 16f.
Leidenschaften 16
Liebe 33
Limbisches System 35
Linksfrontale Regionen 35
Linkshänder 59f.
Locked-in-Syndrom 45ff.
Lokalisation 75–78, 82f.
Lokalisationslehre 55, 75f.

Magnetresonanztomographie 29
Mandelkern 17ff., 35, 75
Mein-Dein-Dichotomie 19
Merleau-Ponty, Maurice 17
Minderaktivierung 73
Mirror movements s. Spiegelbildliche Mitbewegungen
Monitoring 42

Motorische Leistungen 55
Motorik 36
Motorische Entäußerungen 87

N 400 71
Nahtoderfahrungen 47–53
Narkose 41f., 84
Negation 28
Neglekt 42f.
Neo-Cortex 34
Neurophysiologie 68
Neuropsychologie 73
Nietzsche, Friedrich 35

Out-of-Body-Experiences
s. Außerkörperliche Wahrnehmung

P 300 s. Potential, ereigniskorreliertes
Pallium s. Hirnmantel
Past present 82
Penfield, Wilder 68
Personalität 14ff., 27, 32
Personattraktor 27
Persönlichkeit 60
Perspektivwechsel 50
PET 72
Philosophie 21f., 39
Platon 11
Positronen-Emissionstherapie 72
Potential, ereigniskorreliertes 44, 46
Potentiale, evozierte 71
Präfrontale Regionen 20
Psyche 28, 69
Psychoanalyse 54, 87
Psychoimmunologische Modelle 90
Psychoonkologische Forschung 91
Psychose 26f.
Putnam, Hilary 47

Rationalität 34
Reaktionsschema, motorisches 43

Reaktionszeitexperiment 81
Rebound 51
Rechtshemisphärische Leistungen 64
Reizexperimente 84
Repräsentation 37, 42, 45
  kognitive – 37
Repräsentationsphänomene 77
Rückkoppelungsschleifen 85

Schädelhirntrauma 43
Scheitellappenbereich 76
Schelling, F. W. J. 16
Schizophrenie 26, 73
Schläfenlappen 18
Schlaf-Wach-Rhythmus 44
Schlaganfall 12, 42, 46, 54, 57
Schmerz 26f., 35, 43, 51
Schnelltaktsynchronisationen 85
Schrittmacher 81f.
Searle, John 46f.
Seele 8, 11, 19, 23, 69, 90
Selbstbewußtsein 11
Selbstbezug 39
Selbstbild 28, 51
Selbstfindung 60
Selbstkontrolle 90
Selbstkorrigierbarkeit 77
Selbstmonitoring 78
Selbstrepräsentation 42
Selbstverständnis 25
Semantik 46, 88
  interne – 46
Sensomotorische Leistungen 81
Septum 75
Serotonin 20f., 79
Sexualität 75f.
Signalverarbeitungsprozesse 88
Singer, Wolf 83
Sodium amobarbital 74
Sömmering, Samuel Thomas 13
Sokrates 15
SPECT 72
Sperry, Roger 12
Spiegelbildliche Mitbewegungen 57f.

Sprache 32, 54ff., 73f.
Sprachproduktionswahrnehmung 72
Sprachzentrum 54, 58
   motorisches – 56
Sri Aurobindo 92
Stammhirn 75
Steuerung 14
Stimmungsstörungen 72
Stirnhirn 28, 77f., 90
Stirnlappen 18
Streßforschung 90
Stroop-Test 26
Synchronisationen 82, 87

Taktgeber 81
Temporallappen
   anteriorer mesialer – 71
   rechter – 66
Thalamus 18, 35, 75
Therapie 21
Triebabfuhr, energetische 87
Tumor 12, 16
Tumorimmunologische Modelle 90
Tunnelerfahrungen 48, 50

Ungerechtigkeit 25
Unglück 23

Vergänglichkeit 9f., 63, 86
Verletzung, psychische 33
Vernunft 11, 19f., 22f., 35, 57
Vokalisation 26

Wada, Juhn 73
Wada-Test 41, 73f.
Wahrheit 52
Wahrnehmungen 15, 17, 42, 73, 78, 83
   somatosensible – 51
Wernicke, Carl 54
Wiederbelebungsmaßnahmen 47f.
Wirklichkeitsaufbau 39ff.
Wisconsin-Card-Sorting-Test (WCST) 73, 77
Wittgenstein, Ludwig 22
Working Memory 21, 29f., 31
Wortmagie 39, 42

Zählen 38
Zeit 80–86
Zeitcharakteristik 82
Zeitkonzept, lineares 80f.
Zeitquanten 86
Zeitschätzungsvermögen 85
Zeitwahrnehmung 85
Zielorientierung 35
Zirbeldrüse 11

Naturwissenschaften und Philosophie bei C. H. Beck

Jürgen Bredenkamp
Lernen, Erinnern, Vergessen
1998. 115 Seiten mit 9 Abbildungen. Paperback
(C. H. Beck Wissen Band 2100)

Paul Broks
Ich denke, also bin ich tot
Reisen in die Welt des Wahnsinns
Aus dem Englischen von Barbara Rojahn-Deyk
2. Auflage. 2004. 234 Seiten. Gebunden

Gerald M. Edelman / Giulio Tononi
Gehirn und Geist
Wie aus Materie Bewusstsein entsteht
Aus dem Englischen von Susanne Kuhlmann-Krieg
2002. 368 Seiten mit 40 Abbildungen. Gebunden

Joachim Funke / Bianca Vaterrodt-Plünnecke
Was ist Intelligenz?
2., überarbeitete Auflage. 2004.
127 Seiten mit 11 Abbildungen. Paperback
(C. H. Beck Wissen Band 2088)

Heinz Häfner
Das Rätsel Schizophrenie
Eine Krankheit wird entschlüsselt
3., vollständig überarbeitete Auflage. 2005
440 Seiten. Broschiert

Michael Hauskeller
Ich denke, aber bin ich?
Phantastische Reisen durch die Philosophie
2. Auflage. 2004. 138 Seiten. Paperback
(Beck'sche Reihe Band 1529)

Naturwissenschaften und Philosophie bei C.H. Beck

Ulrich Hegerl / David Althaus / Holger Reiners
Das Rätsel Depression
Eine Krankheit wird entschlüsselt
2. Auflage. 2006
254 Seiten mit 28 Abbildungen und 8 Tabellen. Broschiert

Detlef Linke
Einsteins Doppelgänger
Das Gehirn und sein Ich
2000. 160 Seiten mit 3 Abbildungen. Klappenbroschur

Detlef Linke
Die Freiheit und das Gehirn
Eine neurophilosophische Ethik
2005. 272 Seiten. Broschiert

Christiane Nüsslein-Volhard
Das Werden des Lebens
Wie Gene die Entwicklung steuern
2004. 208 Seiten mit 55 Abbildungen. Gebunden

Heinz Schott / Rainer Tölle
Geschichte der Psychiatrie
Krankheitslehren, Irrwege, Behandlungsformen
688 Seiten. 2006. Gebunden

Harald Welzer
Das kommunikative Gedächtnis
Eine Theorie der Erinnerung
2005. 260 Seiten mit 25 Abbildungen. Paperback
(Beck'sche Reihe Band 1669)

C.H.BECK ■ WISSEN
in der Beck'schen Reihe

Zuletzt erschienen:

- 2209: Rexroth, **Beethovens Symphonien**
- 2212: Voss, **Bachs Konzerte**
- 2307: Rexroth, **Deutsche Geschichte im Mittelalter**
- 2348: Schwertheim, **Kleinasien in der Antike**
- 2351: Müller, **Berg Athos**
- 2355: Tuchtenhagen, **Geschichte der baltischen Länder**
- 2358: Halm, **Die Schiiten**
- 2359: Braun, **Die 101 wichtigsten Erfindungen der Weltgeschichte**
- 2360: Schön, **Pilze**
- 2361: Wirsching, **Paar- und Familientherapie**
- 2362: Jehne, **Die römische Republik**
- 2363: Müller-Beck, **Die Eiszeiten**
- 2365: Hutter, **Die Weltreligionen**
- 2366: Rahmstorf/Schellnhuber, **Der Klimawandel**
- 2367: Schmidt-Glintzer, **Der Buddhismus**
- 2368: Ulrich, **Stalingrad**
- 2369: Vocelka, **Österreichische Geschichte**
- 2370: Stausberg, **Zarathustra und seine Religion**
- 2371: Schmidt, **Das politische System der Bundesrepublik Deutschland**
- 2372: Ehrismann, **Das Nibelungenlied**
- 2373: Schrenk/Müller, **Die Neandertaler**
- 2374: Selz, **Sumerer und Akkader**
- 2375: Kolb, **Der Frieden von Versailles**
- 2376: Gruber, **Wolfgang Amadeus Mozart**
- 2377: Maier, **Stonehenge**
- 2378: Wolf, **Die UNO**
- 2379: Demel, **Der europäische Adel**
- 2380: Theml, **Krebs und Krebsvermeidung**
- 2381: Wuketits, **Darwin und der Darwinismus**
- 2383: Auffarth, **Die Ketzer**
- 2384: Bannenberg/Rössner, **Kriminalität in Deutschland**
- 2385: Heyde, **Geschichte Polens**
- 2386: Möhring, **Saladin**
- 2387: Dickmann, **Pompeji**
- 2388: Kaufmann, **Martin Luther**
- 2389: Leitner, **Die Aborigines Australiens**
- 2392: Ehlers, **Die Ritter**
- 2393: Göhrich, **Die Staufer**
- 2394: Herbers, **Jakobsweg**
- 2397: Laudage, **Die Salier**
- 2398: Schneidmüller, **Die Kaiser des Mittelalters**
- 2399: Stollberg-Rilinger, **Das Heilige Römische Reich Deutscher Nation**
- 2400: Otto, **Mose**
- 2502: Thürlemann, **Rogier van der Weyden**